高职高专"十二五"规划教材

物 理（五年制）

上册

曲梅丽 杨 威 主 编
孙 静 赵 辉 副主编
梅 丽 主 审

化学工业出版社

·北京·

本套教材是根据五年制高职物理教学大纲的要求，在"以应用为目的，以必需够用为度"的原则指导下，在五专物理教学内容和课程体系改革的实践基础上，总结了教学实践中的改革成果和经验而编写的。

　　本套教材分为上、下两册。上册主要包括力学和热学知识，由七章内容组成：直线运动、力和物体的平衡、牛顿运动定律、功和能、机械振动与机械波、分子动理论和能量守恒、气体的性质，还有七个力学实验。下册以电磁学知识为主，以光学、原子和原子核知识为辅，主要包括七章内容：静电场、恒定电流、磁场、电磁感应、交流电、光现象及其应用、原子和原子核，还有七个电磁学实验。书中有学习目标和习题，章后有小结、复习题、自测题。书后附有部分习题、复习题、自测题答案，以及典型习题和复习题中计算题的解答。教材还配有用于多媒体教学的 PPT 课件。全套教材主线突出，阐述清楚，难度适中。

　　本套教材适用于五年制高职生使用，也可作为多学时的中等职业学校、职业高级中学的物理教材。

图书在版编目（CIP）数据

物理（五年制）上册/曲梅丽，杨威主编．—北京：化学工业出版社，2015.7（2022.2重印）
高职高专"十二五"规划教材
ISBN 978-7-122-24043-9

Ⅰ．①物…　Ⅱ．①曲…　②杨…　Ⅲ．①物理学-高等职业教育-教材　Ⅳ．①O4

中国版本图书馆 CIP 数据核字（2015）第 106285 号

责任编辑：高　钰　　　　　　　　文字编辑：荣世芳
责任校对：吴　静　　　　　　　　装帧设计：刘丽华

出版发行：化学工业出版社（北京市东城区青年湖南街 13 号　邮政编码 100011）
印　　装：北京印刷集团有限责任公司
787mm×1092mm　1/16　印张 11¼　字数 273 千字　2022 年 2 月北京第 1 版第 7 次印刷

购书咨询：010-64518888　　　　　　售后服务：010-64518899
网　　址：http://www.cip.com.cn
凡购买本书，如有缺损质量问题，本社销售中心负责调换。

定　　价：36.00 元

前　　言

物理学是自然科学的重要组成部分，是工程技术科学的基础。物理作为五年制高职各专业的公共必修课之一，它所阐述的物理学的基本知识、基本思想、基本规律和基本方法，不仅是学生学习后续专业课的基础，也是全面培养和提高学生科学素质、科学思维方法和科研能力的重要内容。

进入 21 世纪，科学技术的飞速发展对人才培养提出了新的要求，为了适应职业教育培养高素质技能型专门人才的需要，编者总结了近几年的教改经验编写了这套教材（分上、下册）。在编写过程中，主要突出了以下几个特点。

1. 紧扣大纲，降低难度

从职业岗位群对人才的需求出发，紧扣大纲，达到课程教学目标的要求。面对生源现状，适当降低起点，注意由已知到未知的自然转化，注重与初中物理知识的衔接。

2. 精选内容，够用为度

本着"必需、够用"的原则，编写时以力学、电磁学知识为主，以热学、光学、原子和原子核知识为辅。为了满足不同专业的需要，内容分为必学和选学，以"＊"加以区别。

3. 夯实基础，讲练结合

为了加强对基本概念、基本规律、基本方法的讲解与运用，并通过讲练结合加深学生对知识的理解和记忆，节中有习题，章后有小结、复习题、自测题。

4. 培养素质，提高能力

通过"相关链接"模块，向学生介绍了一些可自行阅读的知识，对教材主要内容作了延伸与拓展，将理论知识与实践、应用联系起来，既使教材内容更活泼，也有助于培养学生的综合素质，提高学生分析问题和解决问题的能力、实践能力、创新能力。

为了方便教学，本套教材还配有用于多媒体教学的 PPT 课件，将免费提供给采用本书作为教材的院校使用。如有需要，请发电子邮件至 cipedu@163.com 获取，或登录 www.cipedu.com.cn 免费下载。

本套教材上册由曲梅丽、杨威主编，孙静、赵辉副主编，梅丽主审；下册由曲梅丽、孙静主编，赵辉、杨威副主编，齐建春主审，还聘请李克勇为顾问。参加编写的还有杨鸿、张峰、边敦明、刘耀斌等。

　　教材在编写过程中，得到了有关院校师生的大力支持和协助，在此谨向他们表示敬意和谢意。

　　由于编者水平有限，教材中难免存在缺点和疏漏，恳请广大读者批评指正。

编　者

2015 年 3 月

目　　录

绪　　论

一、物理学的研究对象和内容

众所周知，自然界是由运动的物质组成的，物质运动的形式多种多样。自然科学的任务就是揭示各种物质的运动规律及物质结构。物理学作为自然科学的基础学科，是研究最简单、最基本的运动形式和规律及物质基本结构的科学。

物理学研究内容涉及范围极广。它既研究发生在我们身边的物理现象，又研究日月星辰等宇宙天体的运动以及分子、原子、原子核、电子和质子等微观粒子的运动。物理学广阔的研究范围为我们展现了一个丰富多彩的物理世界，许多未知的领域正等待着人们去探索。

物理学有许多分支学科。如研究机械运动的力学；研究热运动的热力学；研究电磁运动的电磁学；研究光的传播规律及光的本性的光学；研究原子、原子核结构的原子物理学以及研究宇宙天体运动的宇宙物理和研究高能粒子的高能物理等。

二、物理学与现代科学技术的关系

"进入科学技术的任何一个领域，都必须敲开物理学的大门。"这是因为物理学的发展推动科学技术的创新，科学技术的进步促进物理学理论的突破，两者相辅相成、密不可分。

17世纪末，随着牛顿力学和热力学的发展，瓦特发明了蒸汽机，促进了交通运输、机械工业迅猛发展，导致第一次工业革命，人类迎来了工业机械化时代。19世纪，法拉第、麦克斯韦电磁理论的建立，使理论与工程技术结合，促使电机、电器设备应运而生，电信技术得以广泛应用，导致第二次工业革命，人类进入工业电气化时代。20世纪以来，相对论、量子论的创立，促进核能、微电子和激光等的开发和应用，新材料、新能源、新技术日新月异，尤其是80年代以来，许多高新技术层出不穷，航天技术、现代通信技术、激光技术和纳米科技等迅猛发展，导致第三次工业革命，人类迎来了工业信息化时代。纵观物理学的发展进程，充分说明了物理学是现代科学技术的基础，对推动社会发展有极其重要的作用。

三、怎样学好五专物理

物理是五年制高等职业院校各专业必修的一门公共基础课，其内容以学习经典物理主要概念和规律为主，适当学习现代物理的发展成就，注重介绍知识在实际问题中的应用。学习物理不仅能够为学习后续课程和专业知识打下扎实的理论基础，而且有助于培养和提高学生的观察实验能力、科学思维能力、分析问题和解决问题的能力。

掌握概念　注重应用　著名物理学家吴有训说过："学物理，首先要掌握物理概念。"也就是说，掌握物理概念是学好物理的基础，应理解物理概念的物理意义、适用条件和建立过程；学会怎样用文字、公式和图像来描述物理规律，掌握物理的研究思想和方法；学会应用知识解释日常生活和工程技术的实际问题，在知识的应用中巩固概念，切忌死记硬背。

善于观察　勤于制作　物理是一门以实验为基础的学科，物理知识建立在观察、实验的基础之上。因此，要学好物理，必须善于观察，勤于动手，做好物理实验。对每个实验应弄清实验目的、采用的实验方法，理解实验原理，学会仪器操作，仔细观察实验现象，准确测量实验数据，实事求是地处理实验数据。应自觉应用所学知识设计物理实验，积极进行课外物理制作。

物理实验课的具体要求如下。

① 学会使用基本的测量工具（如游标卡尺、数字毫秒计、物理天平、安培计、伏特计等）和常用的物理仪器（如气垫导轨、滑线变阻器、电阻箱等）。

② 学会测量常用的物理量（如形状规则的固体的密度、速度、电阻、电源的电动势和内电阻等）。

③ 学会按实验要求独立进行实验。要会观察实验中的物理过程，正确进行实验记录；会分析实验结果（包括对实验误差进行初步分析）；会写出完整的实验报告。

④ 逐步学会根据实验目的和要求，进行实验的初步设计。

独立练习　勇于讨论　练习与讨论是学好物理的行之有效的重要方法。在学习过程中，应注意读书学习，理解知识，在此基础上独立完成作业。通过适当练习，不仅可以达到复习、巩固所学知识的目的，而且可以发现自己的不足。对发现的问题不要置之不理，可以提出来与同学讨论，也可翻阅其他参考书，直到将问题弄懂为止，培养良好的学习习惯。

第一章　直 线 运 动

自然界中，物质的运动形式多种多样。机械运动是物质最简单、最基本的运动，它包括多种运动形式，如：直线运动、曲线运动、振动等。本章将着重研究直线运动及其规律。首先引入几个基本概念；其次学习一些重要物理量，并对具体的直线运动形式进行定量的描述；最后讨论平抛运动并由此得出运动的叠加原理。

第一节　机械运动　质点

学习目标

1. 了解运动的相对性和参考系的概念。
2. 理解质点的概念。

一、机械运动

在自然界中，天体运行、火箭升空、汽车奔驰、鸟儿飞翔、机器转动甚至人的走路、劳动等现象，尽管它们的性质各不相同，但却有一个共同的特征：**物体的空间位置随时间改变**，这种位置的改变称为**机械运动**，简称运动。判断一个物体是否做机械运动关键看其空间位置是否发生改变。人们对运动的描述具有相对性，要准确描述物体的运动，总要选择另一个物体作参考。例如，判断船只是否在航行，常选用河岸作参考；判断汽车是否运动，常选用地面上的电线杆或房屋作参考等。**描述物体运动时，被选作参考用的物体，称为参考系**（或参照物）。

研究物体运动时，若选择的参考系不同，得到的结果也不同。例如，观察坐在正在行驶的火车中的乘客，若以车厢作为参考系，乘客是静止的；若以地面作参考系，乘客是运动的。可见，选用不同的参考系，对同一个物体运动的描述，得出的运动情况的结论是不同的，这就是运动的相对性。因此在描述物体运动时必须明确指出，这种运动是相对于哪一个参考系而言的。通常选地面或地面上任何一个不动的物体作参考系。

二、质点

机械运动有各种形式，但是最基本的运动形式只有两种：平动和转动。火车车厢在平直轨道上的运动，刨床上刨刀的运动，汽缸中活塞的运动，如图 1-1 所示粉笔盒的运动等，都是平动。它们有一个共同的特点：物体上任意两点所连成的线段，在物体运动过程中是平行移动的，即物体上各点的运动情况都一样，所以整个物体的运动可以由任一点的运动情况来代表。

然而，一般情况下，物体上不同点的运动情况是不同的，要准确描述物体的运动是相当复杂的。在某些情况下，为使问题简化，**可以不考虑物体的形状大小，用一个具有物体全部**

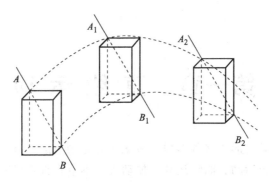

图 1-1　平动

质量的点来代替整个物体，这样的点称为质点。

　　质点是抽象的理想模型。能否把物体看成质点是有条件的、相对的。例如：物体在平动时，物体上各点的运动情况都相同，其任意一点的运动都可代表物体的运动，所以可以不考虑它的大小和形状，把物体当作质点。此外，如果物体的大小与研究问题中的距离相比极小时，也可把物体当作质点。例如，研究地球绕太阳公转时，由于地球的直径（约为 $1.3 \times 10^7 \, \mathrm{m}$）比它离太阳的距离（约 $1.5 \times 10^{11} \, \mathrm{m}$）小得多，地球上各点相对太阳的运动差异很小，所以可看作是相同的，可把地球当作质点。但是，研究地球的自转时，地球上不同点的运动差异不能忽略，就不能再把地球当作质点了。

　　机械运动的另一种最基本的运动形式是转动。例如砂轮、电风扇的运动，各部分都绕着某一转轴做圆周运动，这样的运动就是转动。物体转动时，物体上各点的运动情况一般是不同的，这与物体的平动有显著的区别。

习题 1-1

1-1-1　以行驶的汽车作参考系，路旁电线杆的运动情况怎样？

1-1-2　当你坐在教室里听课时，你是静止的还是运动的？

1-1-3　两辆在公路上行驶的汽车，在某段时间内，它们的距离始终保持不变，试说明选用什么作参考系，这两辆汽车都是静止的；以什么作参考系，它们又都是运动的？

1-1-4　将物体抽象为质点的条件是什么？

相关链接

理 想 模 型

　　人们在进行科学研究时，需要抓住事物的主要特征，忽略次要因素，把客观事物高度抽象，使其纯化到绝对理想状态，称之为理想模型。

　　例如，力学中的"质点"、数学中没有大小的"点"、没有粗细的"线"、没有厚度"面"都是理想模型。理想模型是在思维中建立起来的，但它不是虚无缥缈的主观臆造，而是以现实的客观存在为原型进行抽象思维的结果，它是对客观事物主要特征的反映。

　　理想模型的作用是：使问题处理大为简化；避免出现较大的误差；有利于发挥逻辑思维，形成科学见解。

第二节　位移和路程

学习目标

1. 理解矢量和标量的概念以及它们的区别。
2. 掌握路程、位移、时间、时刻的概念。

一、矢量与标量

初中时我们已经学习过长度、质量和时间等物理量，它们只有大小，仅用一个有单位的数值，就能完全表示出来。同时也学过力、速度等物理量，它们不但有大小，而且还有方向，只说出它们的大小，不说明它们的方向，就不能完全表达这些量。譬如说一架飞机的飞行速度是 600km/h，这仅说明飞机飞行的快慢，没有说明飞机飞行的方向。力也是如此，同样大小的两个力，以不同的方向作用在同一个物体上产生的效果是不一样的，也就是说要完整、准确地描述一个力除了说明它的大小外，还必须说明它的方向。如同力、速度这样**既有大小、又有方向的量，称为矢量。那些只有大小，没有方向的量，称为标量。**

矢量与标量不仅含义不同，而且表示方法及运算法则也不相同。标量的求和遵循算术加法的法则，矢量的求和遵循平行四边形定则，此法则将在第二章里讨论。

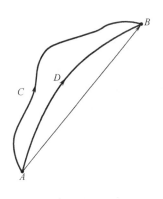

图 1-2　位移和路程

二、位移和路程

物体运动时，它的位置随时间不断变化。如图 1-2 所示，物体由初位置 A 经过一段时间，沿路径 ACB 运动到末位置 B。为描述物体位置的变化，我们把**由初位置 A 指向末位置 B 的有向线段 $\overrightarrow{AB}$ 称为物体在这段时间内的位移。**位移的大小是 $\overrightarrow{AB}$ 线段的长度，位移的方向是由初位置 A 指向末位置 B 的方向。位移有大小，也有方向，是矢量。如果物体由初位置 A 沿路径 ADB 到达末位置 B，那么，由于初、末位置相同，所以它们的位置变化相同，位移也相同。可见，**物体的位移与初、末位置有关，与运动路径无关。**

路程和位移不同，**路程是指物体所经过的路径的长度，**只有大小，没有方向，是标量。如图 1-2 所示，两种情况下，物体的路程分别是曲线 ACB 和 ADB 的长度。一般情况下，物体的路程并不等于其位移的大小，但若物体做直线运动，且始终向着同一方向运动时，两者是相等的，其他情况路程都大于位移大小。

位移和路程的单位相同，都是长度的单位，它们的 SI 单位是米，其符号为 m。

三、时刻和时间

时刻是指某一瞬时，时间是指两个瞬时之间的间隔。质点运动时，时刻与质点所在的某一位置相对应；时间与质点所经过的某一段路程（或位移）相对应。例如，一列火车 9 时 16 分从济南开出，16 时 21 分到达青岛，9 时 16 分和 16 时 21 分分别是指初时刻和末时刻，从 9 时 16 分到 16 时 21 分的间隔是指所经历的时间。

时间的 SI 单位是秒，其符号为 s。时间的常用单位还有分（min）和小时（h）等。

习题 1-2

1-2-1　矢量由哪些因素决定？"位移相等"的含义是什么？

1-2-2　半径为 R 的圆形轨道，一质点在轨道上移动 1/4 圆周、1/2 圆周及整个圆周，试分别求出其路程和位移的大小。

1-2-3　同方向的直线运动，质点的位移大小和路程是否相等？

1-2-4　位移和路程有何不同？在什么情况下两者大小相等？

1-2-5　"5s 内"、"第 9s 内"、"5s 初"、"9s 末" 指的是时间还是时刻？若是时间请指出其长短。

第三节　匀速直线运动

学习目标

1. 了解匀速直线运动的特点。

2. 理解速度的概念。

3. 掌握匀速直线运动的速度图像和位移图像。

物体的运动，按轨迹可分为直线运动和曲线运动，按速度可分为匀速运动和变速运动，研究问题一般都是从最简单的现象入手，同样，我们也从最简单的匀速直线运动开始来研究物体的运动。

物体沿一直线运动，如果在任意相等的时间内位移都相等，这种运动就称为**匀速直线运动**，简称匀速运动。例如，一同学在平直公路上骑自行车，他在任意 1min 内的位移都是 300m，在任意 10s 内的位移都是 50m，在任意 1s 内的位移都是 5m……那么他的运动就是匀速直线运动。

一、匀速直线运动的规律

做匀速直线运动的物体，其位移与发生该位移所用的时间成正比，比值为恒量。在上述例子中，如果自行车在任意 1s 内的位移是 5m，那么它在 1s，2s，3s，…内的位移分别是 5m，10m，15m，…位移与时间的比值 $\dfrac{5\text{m}}{1\text{s}} = \dfrac{10\text{m}}{2\text{s}} = \dfrac{15\text{m}}{3\text{s}} = \cdots$ 是恒量。这个比值在数值上等于单位时间内物体位移的大小，在不同的匀速直线运动中，该比值是不同的。比值越大，表示运动越快，反之越慢，所以，这个比值的大小可以表示物体运动的快慢程度。

在匀速直线运动中，位移 s 与发生该位移所用时间 t 的比值，称为匀速直线运动的速度，以字母 v 表示，即

$$v = \frac{s}{t} \tag{1-1}$$

速度是描述运动快慢的物理量。速度的 SI 单位是米/秒（m/s 或 m·s^{-1}），读作米每秒。其常用单位还有千米/时（km/h 或 km·h^{-1}），厘米/秒（cm/s 或 cm·s^{-1}）等。

匀速直线运动的速度不但有大小，而且有方向，是矢量。匀速直线运动的速度的方向与位移的方向相同，因此，它的方向即表示物体的运动方向。

如果已知匀速直线运动的速度，那么根据式(1-1) 即可计算出它在任意时间内产生的位移，即

$$s = vt \qquad\qquad (1-2)$$

式(1-2) 称为匀速直线运动的**位移**公式。

二、匀速直线运动的位移图像

匀速直线运动的位移与时间的关系，不仅可用式(1-2) 表示，也可用图像表示。

在直角坐标系中（见图 1-3），取横轴表示时间，纵轴表示位移，画出位移和时间的关系图像，该图像称为**位移-时间图像**，即 $s\text{-}t$ 图像，简称位移图像。匀速直线运动的位移图像是一条直线。图 1-3 为 $v = 20\text{m/s}$ 的匀速直线运动的位移图像。

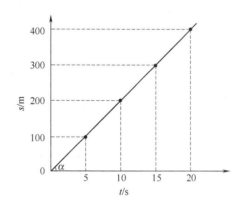

图 1-3　匀速直线运动的位移图像

利用 $s\text{-}t$ 图像可以求出质点的速度，$s\text{-}t$ 图像的斜率在数值上等于匀速直线运动的速度大小，即 $v = \dfrac{s}{t} = \tan\alpha$。

三、匀速直线运动的速度图像

速度与时间的关系也可以用图像表示，该图像称为**速度-时间图像**（$v\text{-}t$ 图像），简称速度图像。匀速直线运动的速度不随时间变化，所以其图像是一条平行于时间轴的直线，它表示在匀速直线运动中，任意时刻的速度均相同。如图 1-4 所示为 $v = 4\text{m/s}$ 的匀速直线运动的速度图像。

利用 $v\text{-}t$ 图像可求出质点在任意一段时间 t 内产生的位移。因为位移等于速度和时间的乘积，所以时间 t 内的位移在数值上等于 $v\text{-}t$ 图像中矩形的"面积"。如图 1-4 所示，2s 内

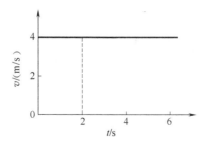

图 1-4　匀速直线运动的速度图像

质点的位移大小为

$$s=2\times4=8\ (\text{m})$$

习题 1-3

1-3-1 匀速直线运动有何特点？

1-3-2 匀速直线运动中速度的方向与质点运动方向有何关系？速度的大小反映物体运动的什么性质？有人说匀速直线运动就是速度不变的运动，这种说法正确吗？

1-3-3 一列做匀速直线运动的火车，在 5min 内通过的位移是 4500m，问火车的速度是多少？

1-3-4 在同一直角坐标系中，画出 $v_1=4.0\text{m/s}$ 和 $v_2=10\text{m/s}$ 的匀速直线运动的速度图像。

1-3-5 甲、乙两物体运动的速度图像如习题 1-3-5 图所示。问：

（1）甲、乙两物体各做什么样的运动？运动速度分别是多少？

（2）甲物体在 10s 内运动的位移是多少？

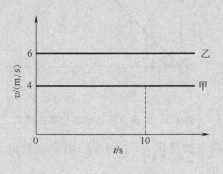

习题 1-3-5 图

相关链接

比 值 法

用两个已知物理量的比值定义新的物理量的方法叫做比值法定义物理量，简称比值法。

例如，密度这个物理量，就是用比值法定义的，$\rho=\dfrac{m}{V}$。不过，初中物理只是给出了浅层次的理解："单位体积内某种物质的质量"，叫做这种物质的密度，好像密度的大小还与质量的多少有关。高中物理要从"比值"这个新角度理解："某种物质的质量与体积之比"，叫做这种物质的密度。这个"比值"发生了质的变化，产生了一个新的物理量——密度；这个"比值"与质量和体积的大小无关，它的大小由物质的特性决定。不同的物质，比值不同，密度也不同。密度是描述物质特性的一个物理量。$\rho=\dfrac{m}{V}$ 只是提供了描述或测量密度的一种方法。

在物理学中，用比值法定义物理量有着广泛的应用，如速度、加速度、功率等物理量，都是用比值法定义的。

第四节　变速直线运动　平均速度　瞬时速度

学习目标

1. 了解变速直线运动的特点。
2. 掌握变速直线运动的平均速度和瞬时速度的概念及区别。

一、变速直线运动

平常我们看到的直线运动，往往不是匀速直线运动。例如汽车的运动，汽车启动时，运动越来越快；刹车时，运动越来越慢；在行驶过程中，运动时快时慢，在相等的时间内通过的位移并不相等。

物体沿直线运动，如果在相等的时间内通过的位移不相等，这种运动就称为变速直线运动。

二、平均速度

物体做变速直线运动，在相等的时间内运动的位移并不相等，因此，它没有恒定的速度。那么怎样描述变速直线运动的快慢呢？粗略的办法是把它当作匀速直线运动来处理，于是引入平均速度来描述它的平均快慢程度。

在变速直线运动中，运动物体的位移 s 与发生这段位移所用时间 t 的比值称为物体在这段时间（或这段位移）内的平均速度。以符号 $\bar{v}$ 表示。

$$\bar{v} = \frac{s}{t} \tag{1-3}$$

平均速度不仅有大小，而且有方向，是矢量。平均速度的方向与在这段时间内发生的位移的方向相同，并非一定是物体运动的方向。

平均速度的大小与在哪一段时间（或位移）内计算平均速度有关。例如，一物体在第 1s 内运动了 0.30m，第 2s 内运动了 0.44m，第 3s 内运动了 0.40m，物体在前 2s 内的平均速度为

$$\bar{v}_{12} = \frac{0.30 + 0.44}{2} = 0.37 \ (\text{m/s})$$

物体在后 2s 内的平均速度为

$$\bar{v}_{23} = \frac{0.44 + 0.40}{2} = 0.42 \ (\text{m/s})$$

物体在 3s 内的平均速度为

$$\bar{v}_{123} = \frac{0.30 + 0.44 + 0.40}{3} = 0.38 \ (\text{m/s})$$

由此可见 $\bar{v}_{12} \neq \bar{v}_{23} \neq \bar{v}_{123}$，所以，在计算平均速度时，必须指明是哪一段时间（或位移）内的平均速度。

对匀速直线运动来说，其任意一段时间（或位移）内的平均速度都相等，都等于匀速直线运动的速度。

三、瞬时速度

由前面的例子可以看出，平均速度的大小只能粗略地描述做变速直线运动物体的运动快慢，为了要精确地进行描述，就要知道它在各个时刻或各个位置的运动快慢，为此，引入瞬时速度的概念。

物体经过某一时刻（或某一位置）的速度，叫做瞬时速度（也称为即时速度），它等于该时刻（或位置）前后一段极短时间内的平均速度，以 v 表示。

瞬时速度的大小描述了物体在该时刻（或该位置）运动的快慢，瞬时速度也是矢量，它的方向即是在极短时间内的位移的方向。瞬时速度的方向描述了物体在该时刻（或位置）运动的方向。

对匀速直线运动来说，因为任意一段时间（或位移）内的平均速度都相等，所以其任意一时刻（或位置）的瞬时速度也相等，都等于匀速直线运动的速度。

各种机动车辆的速度计所指示的都是瞬时速度的数值。

瞬时速度的大小称为瞬时速率（或即时速率），简称为速率。常见物体运动的速度或平均速度的数值见表 1-1。

表 1-1　常见物体运动的速度或平均速度的数值　　　　　单位：m/s

物体运动	速度或平均速度的数值	物体运动	速度或平均速度的数值
手扶拖拉机耕作	0.27~1.1	核潜艇快速航行	23.1
人步行	1~1.5	国产摩托车	23.6
内河轮船	2.8~2.9	飞机	$83.3 \sim 1.0 \times 10^3$
自行车（一般）	约5	声速(0℃在空气中)	331
远洋轮船	8.3~16.7	步枪子弹	约 9.0×10^2
运动员短跑	约10	普通炮弹	约 1.0×10^3
火车（慢车）	10	远程炮弹	约 2.0×10^3
火车（快车）	可达60	单级火箭	可达 4.5×10^3
比赛用马	约15	地球绕太阳旋转	3.0×10^4
野兔快速奔跑	约18	光速（在真空中）	3.0×10^8

在以后的叙述中，"速度"一词有时指平均速度，有时指瞬时速度，要根据上下文判断。日常生活和物理学中说到的"速度"，有时是指速率。

还应说明的是，上述平均速度和瞬时速度的定义都具有一般性，不仅适用于直线运动，也适用于曲线运动。

习题 1-4

1-4-1　变速直线运动与匀速直线运动有何不同？

1-4-2　平均速度总是等于瞬时速度的运动是什么运动？

1-4-3　骑自行车的人沿斜坡直线下行，第 1s 内的位移是 1.0m；第 2s 内的位移是 2.0m；第 3s 内的位移是 3.0m。求最初 2s 和最后 2s 内的平均速度。

1-4-4　火车沿平直轨道以 60km/h 的速度行驶 0.52h，然后以 30km/h 的速度行驶 0.24h，又在某站停了 0.04h，最后以 70km/h 的速度行驶 0.20h。求火车在整个运动过程中的平均速度。

第五节　匀变速直线运动　加速度

学习目标

1. 了解匀变速直线运动的特点。
2. 理解加速度的概念，掌握加速度的物理意义、公式和方向。
3. 能用加速度公式进行简单的计算。

一、匀变速直线运动

意大利物理学家伽利略（1564—1642）曾经指出，经过相等的时间，速度的变化相等的直线运动是最简单的变速直线运动。**物体沿直线运动，如果在任意相等的时间内，速度的变化量都相等**，该运动就称为**匀变速直线运动**。匀变速直线运动包括速度数值均匀增加的匀加速直线运动和速度数值均匀减小的匀减速直线运动。

例如，一个做直线运动的物体，在第 1s 末的速度是 3m/s，在第 2s 末的速度是 6m/s，在第 3s 末的速度是 9m/s，……即每经过 1s 速度都增加 3m/s，该物体的运动就是匀变速直线运动。在日常生活中，石块从不太高的地方竖直下落的运动，发炮时炮弹在炮膛里的运动，汽车、火车在平直轨道上的开动过程或刹车过程等，都可近似地看作是匀变速直线运动。

二、加速度

不同的匀变速直线运动，速度改变的快慢不同。汽车开动时，速度在几秒内从零增加到几十米/秒。发炮时，炮弹的速度在千分之几秒内就能从零增加到几百米/秒。显然，汽车的速度增加得比较慢，炮弹的速度增加得比较快。汽车或火车在正常进站时速度减小得慢，而在紧急刹车时速度减小得快。

前面曾以物体的位移与时间的比值来表示物体运动的快慢。同样，也可以用物体速度的变化量与时间的比值来表示速度的变化快慢。比值越大，表示速度变化越快，反之越慢。

速度的变化量与发生变化所用时间的比值，称为物体的**加速度**。如果以 v_0 表示物体的初速度，用 v_t 表示末速度，那么速度的变化量 $\Delta v = v_t - v_0$，以 t 表示速度发生这一变化所用的时间，以 a 表示加速度，就有

$$a = \frac{\Delta v}{t}$$

或
$$a = \frac{v_t - v_0}{t} \tag{1-4}$$

加速度是描述速度变化快慢的物理量。加速度的 SI 单位是米/秒^2（m/s^2 或 $m \cdot s^{-2}$），读作米每二次方秒。

由式(1-4)可知，加速度在数值上等于单位时间内速度的变化，或者说等于速度对时间的变化率。在匀变速直线运动中，加速度保持不变，为一恒量。

加速度不但有大小，而且有方向，是矢量。在变速直线运动中，速度的方向始终在一条直线上。通常规定初速度方向为正方向（见图 1-5），当物体做匀加速直线运动时［见图 1-5(a)］，其速度随时间增大，$v_t > v_0$，a 为正值，表示加速度方向与速度方向相同；当物体

做匀减速直线运动时［见图 1-5（b）］，其速度随时间减小，$v_t < v_0$，a 为负值，表示加速度方向与速度方向相反。

图 1-5　匀变速直线运动的加速度方向

在今后所讨论的同方向的直线运动中，若不另加说明，都是规定初速度方向为正方向。

【例题 1】　做匀变速直线运动的火车，在 50s 内，速度从 8.0m/s 增加到 15m/s，求火车的加速度。

已知 $v_0 = 8.0$m/s，$v_t = 15$m/s，$t = 50$s。

求 a。

解　由加速度公式得

$$a = \frac{v_t - v_0}{t} = \frac{15 - 8.0}{50} = 0.14 \ (\text{m/s}^2)$$

答：火车的加速度大小为 0.14m/s²，加速度方向与火车初速度方向相同，火车做匀加速直线运动。

【例题 2】　汽车紧急刹车时，在 2.0s 内速度由 10m/s 减小到零，求汽车的加速度。

已知 $v_0 = 10$m/s，$v_t = 0$，$t = 2.0$s。

求 a。

解　由加速度公式得

$$a = \frac{v_t - v_0}{t} = \frac{0 - 10}{2.0} = -5.0 \ (\text{m/s}^2)$$

答：汽车的加速度大小为 5.0m/s²，加速度方向与汽车初速度方向相反，汽车做匀减速直线运动。

习题 1-5

1-5-1　指出下面三种运动的加速度各有什么特点：

（1）匀速直线运动；

（2）匀加速直线运动；

（3）匀减速直线运动。

1-5-2　速度为 24m/s 的汽车，刹车后经 15s 停止，求汽车的加速度。

1-5-3　做匀加速直线运动的火车，在 50s 内，速度从 36km/h 增加到 54km/h，求火车的加速度。

第六节　匀变速直线运动的速度

学习目标

1. 掌握匀变速直线运动的速度公式，并能用它进行简单的计算。

2. 理解匀变速直线运动的速度图像及应用。

一、匀变速直线运动的速度公式

由加速度公式 $a = \dfrac{v_t - v_0}{t}$，可得匀变速直线运动速度与时间的关系。

$$v_t = v_0 + at \tag{1-5}$$

式(1-5) 称为匀变速直线运动的**速度公式**。式中，v_0 表示初速度；v_t 表示末速度；at 表示在 t 时间内速度的增量。如果已知做匀变速直线运动的物体的初速度 v_0 和加速度 a，那么就可以求出任意时刻的速度 v_t。

如果初速度为零，即 $v_0 = 0$，则式(1-5) 即可简化为

$$v_t = at$$

【例题】 一辆汽车原来的速度是 36km/h，后来以 0.25m/s^2 的加速度做匀加速直线运动，求加速 40s 时汽车的速度大小。

已知 $v_0 = 36\text{km/h} = 10\text{m/s}$，$a = 0.25\text{m/s}^2$，$t = 40\text{s}$。

求 v_t。

解 由匀变速直线运动的速度公式得

$$v_t = v_0 + at = 10 + 0.25 \times 40 = 10 + 10 = 20 \ (\text{m/s})$$

答：加速 40s 时汽车的速度大小为 20m/s。

二、匀变速直线运动的速度图像

在匀变速直线运动中，速度与时间的关系也可以用速度图像表示。由式(1-5) 可知，匀变速直线运动的速度图像是一条倾斜的直线。例如，一辆做匀加速直线运动的汽车，它的初速度是 4m/s，加速度为 2m/s^2，其速度图像如图 1-6 所示，可见，匀加速直线运动的速度图像是一条向上倾斜的直线。图 1-7(a) 是初速度为零的匀加速直线运动的速度图像，而图 1-7(b) 是匀减速直线运动的速度图像。

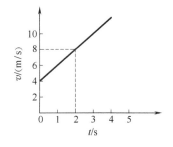

图 1-6　$v_0 = 4\text{m/s}$，$a = 2\text{m/s}^2$ 的匀加速直线运动的速度图像

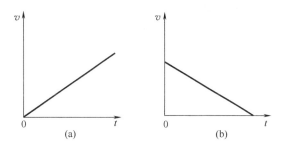

图 1-7　匀变速直线运动的速度图像

利用匀变速直线运动的速度图像，可以求出任意时刻的速度，也可以求出达到某一速度所需的时间。

习题 1-6

1-6-1 某飞机起飞前，在跑道上匀加速滑行，加速度是 4.0m/s^2，滑行 20s 达到起飞速度，问飞机起飞速度多大？

1-6-2　火车原来的速度是 10m/s，在一段下坡路得到 0.20m/s² 的加速度，行驶到坡路末端时速度增加到 15m/s，求火车经过这段坡路所用的时间。

1-6-3　汽车紧急刹车时，加速度的大小是 8.0m/s²，如果刹车后在 2.0s 内停下来，问汽车刹车前的速度是多少？

1-6-4　习题 1-6-4 图为一个物体运动的速度图像，请你根据此图说明物体在 60s 内各阶段的运动情况。

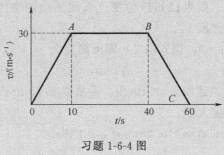

习题 1-6-4 图

第七节　匀变速直线运动的位移

学习目标

掌握匀变速直线运动的位移公式和导出公式，并能用它们进行简单的计算。

一、匀变速直线运动的位移公式

由式(1-3) 可知，做变速直线运动的物体，在时间 t 内的位移为 $s = \bar{v}\, t$。若物体做匀变速直线运动，则其速度变化就是均匀的，那么，它在这段时间内的平均速度应等于时间 t 内的初速度 v_0 和末速度 v_t 的平均值，即

$$\bar{v} = \frac{v_0 + v_t}{2} \tag{1-6}$$

所以

$$s = \bar{v}\, t = \frac{v_0 + v_t}{2}\, t$$

将 $v_t = v_0 + at$ 代入上式，可得

$$s = \frac{v_0 + (v_0 + at)}{2}\, t = \frac{2v_0 t + at^2}{2}$$

即

$$s = v_0 t + \frac{1}{2} at^2 \tag{1-7}$$

式(1-7) 称为匀变速直线运动的**位移公式**，它表示匀变速直线运动的位移与时间的关系。如果已知初速度 v_0 和加速度 a，就可以利用式(1-7) 求出任意时间内的位移，从而确定物体在任意时刻的位置。

如果初速度为零，即 $v_0 = 0$，式(1-7) 就可简化为

$$s = \frac{1}{2} at^2$$

【例题 1】　一列火车在斜坡上匀加速下行，在坡顶端时的速度是 8.0m/s，加速度是 0.20m/s²，火车通过斜坡的时间是 30s，求这段斜坡的长度。

已知 $v_0 = 8.0$m/s，$a = 0.20$m/s²，$t = 30$s。

求 s。

解　由匀变速直线运动的位移公式，可得

$$s = v_0 t + \frac{1}{2} a t^2$$

$$= 8.0 \times 30 + \frac{1}{2} \times 0.2 \times (30)^2 = 2.4 \times 10^2 + 90 = 3.3 \times 10^2 \ (\text{m})$$

答：这段斜坡的长度为 3.3×10^2 m。

二、导出公式

式(1-5) 表示匀变速直线运动的速度与时间的关系，式(1-7) 表示匀变速直线运动的位移与时间的关系，它们是匀变速直线运动的两个基本公式。从这两个基本公式可以推出另一个很有用的公式。

由式(1-5) 有 $t = \dfrac{v_t - v_0}{a}$，代入式(1-7) 可得

$$s = v_0 \frac{v_t - v_0}{a} + \frac{1}{2} a \left(\frac{v_t - v_0}{a} \right)^2$$

化简后可以得到

$$v_t^2 - v_0^2 = 2as \qquad\qquad (1\text{-}8)$$

式(1-8) 给出了初速度、末速度、加速度和位移四个量间的关系。显然，利用该式求解运动时间未知的问题很方便。

如果初速度为零，那么式(1-8) 即可简化为

$$v_t^2 = 2as$$

【例题 2】　如图 1-8 所示，一步枪子弹打穿 5.0cm 厚的木板后，它的速度从 4.0×10^2m/s 减小到 1.0×10^2m/s。设子弹穿过木板时做匀变速直线运动，求子弹在木板中的加速度和穿过木板所用的时间。

已知 $v_0 = 4.0 \times 10^2$m/s，$v_t = 1.0 \times 10^2$m/s，$s = 5.0$cm $= 5.0 \times 10^{-2}$m。

求 a，t。

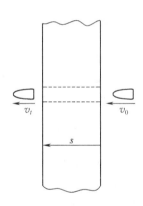

图 1-8　子弹运动示意图

解　由公式 $v_t^2 - v_0^2 = 2as$ 可得

$$a = \frac{v_t^2 - v_0^2}{2s}$$

$$= \frac{(1.0 \times 10^2)^2 - (4.0 \times 10^2)^2}{2 \times 5.0 \times 10^{-2}}$$

$$= -1.5 \times 10^6 \ (\text{m/s}^2)$$

由公式 $v_t = v_0 + at$，可得

$$t = \frac{v_t - v_0}{a}$$

$$=\frac{1.0\times10^2-4.0\times10^2}{-1.5\times10^6}=2.0\times10^{-4}\ (s)$$

答：子弹在木板中的加速度大小为 $1.5\times10^6\,m/s^2$，方向与子弹的运动方向相反，它穿过木板用的时间是 $2.0\times10^{-4}s$。

习题 1-7

1-7-1　一辆电车原来的速度是 18km/h，后来以 $1.2m/s^2$ 的加速度匀加速地行驶了 5.0s，在这 5.0s 内电车行驶的距离是多少？

1-7-2　飞机着陆时的速度是 60m/s，着陆后以大小为 $6.0m/s^2$ 的加速度做匀减速直线运动，问飞机着陆后要滑行多远才能停下来？

1-7-3　汽车紧急刹车后，加速度的大小是 $6.0m/s^2$，如果要求在 2.0s 内停下来，问汽车行驶的最大速度不能超过多少 km/h？刹车后汽车滑行多远？

1-7-4　一个滑雪者，从 85m 长的山坡上匀加速滑下，初速度是 1.8m/s，末速度是 5.0m/s，问他通过这段山坡需要多少时间？

1-7-5　火车以 15m/s 的速度运行，到站前做匀减速直线运动，经过 2min 停止，求它从开始减速到停止这段时间内的位移和加速度。

第八节　自由落体运动　重力加速度

学习目标

1. 理解重力加速度的概念。
2. 掌握自由落体运动的规律。

一、自由落体运动

物体在空中从静止开始下落的运动是一种常见的运动。例如在高处从手中释放的石块，在重力作用下，总是沿竖直方向向下做越来越快的运动。显然，这种运动是加速直线运动。

把形状和质量不同的金属片、小羽毛和小竹条等放入一玻璃管内，管的一端封闭，另一端有开关，如图 1-9 所示。如果玻璃管内有空气，把管倒过来后，这些物体下落的快慢各不相同。但是，如果把管内空气抽出后，再把管倒过来，这些物体下落的快慢就完全相同了。由此可见，平时所看到的物体下落速度不同，不是因为它们的质量不同，而是由于空气阻力对它们的影响不同而造成的。

物体只在重力作用下从静止开始下落的运动，称为自由落体运动。

如果空气阻力对物体的影响较小，可忽略不计，那么物体在空气中从静止开始下落的运动可看作是自由落体运动。

自由落体运动是一种什么性质的运动呢？意大利物理学家伽利略曾指出，自由落体运动是初速度为零的匀加速直线运动。小球自由下落的频闪照片（每隔相等的时间拍摄一次）的示意如图 1-10 所示。通过对照片的测量与分析，可以证明该结论的正确性。

二、重力加速度

实验证明，在同一地点，一切物体在自由落体运动中的加速度都相同，这个加速度称为

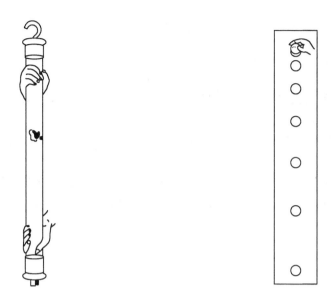

图 1-9　牛顿管　　　　　　　　　　图 1-10　小球自由下落的频闪照片

自由落体加速度，也称为**重力加速度**，通常以 g 表示。

　　重力加速度的大小可用实验测出，在地球上不同地点，其值略有不同，实验结果表明，在赤道 $g=9.780 \text{m/s}^2$；在北京 $g=9.801 \text{m/s}^2$；在北纬 45° 的海平面 $g=9.807 \text{m/s}^2$；在北极 $g=9.832 \text{m/s}^2$。通常忽略 g 的数值差异，而把 g 取作 9.8m/s^2。在粗略计算中，也把 g 取作 10m/s^2。

　　重力加速度的方向总是竖直向下的。

　　自由落体运动是初速度为零的匀加速直线运动，它的加速度为 g，其位移就是下落的高度 h，所以，初速度为零的匀加速直线运动公式对它完全适用，即

$$v_t = gt \tag{1-9}$$

$$h = \frac{1}{2}gt^2 \tag{1-10}$$

$$v_t^2 = 2gh \tag{1-11}$$

　　【例题】　钢球从 15.9m 高的地方自由落下，下落的时间是 1.8s，求重力加速度和钢球下落 1.8s 末的速度大小。

　　已知 $h=15.9\text{m}$，$t=1.8\text{s}$。

　　求 g，v_t。

　　解　由公式 $h=\frac{1}{2}gt^2$ 可得

$$g = \frac{2h}{t^2} = \frac{2 \times 15.9}{1.8^2} \approx 9.8 (\text{m/s}^2)$$

由公式 $v_t = gt$ 可得

$$v_t = 9.8 \times 1.8 = 17.6 (\text{m/s})$$

　　答：重力加速度为 9.8m/s^2，钢球 1.8s 末的速度大小为 17.6m/s。

习题 1-8

1-8-1　一个物体从 20m 高处自由落下（g 取 10m/s²），求：

（1）它落到地面需要多少时间？

（2）它到达地面时的速度是多少？

1-8-2　为测量井的深度，在井口释放一石块，经过 2.0s 后听到声音，若忽略声音传播的时间，求井口到水面的深度。

1-8-3　一个自由下落的物体到达地面时的速度是 49m/s，求该物体下落的高度和落到地面所需的时间。

1-8-4　一个自由下落的物体，经过某点时的速度是 9.8m/s，经过另一点时的速度是 39.2m/s，求这两点间的距离和物体经过这段距离所用的时间。

相关链接

伽　利　略

　　伽利略（1564—1642），意大利数学家、物理学家、天文学家，科学革命的先驱。他发明了摆针和温度计，在科学上为人类作出过巨大贡献，是近代实验科学的奠基人之一。

　　历史上，伽利略首先在科学实验的基础上融会贯通了数学、物理学和天文学三门知识，扩大、加深并改变了人类对物质运动和宇宙的认识。他从实验中总结出自由落体定律、惯性定律和伽利略相对性原理等，从而推翻了亚里士多德在物理学中的许多臆断，奠定了经典力学的基础，反驳了托勒密的地心体系，有力地支持了哥白尼的日心学说。他以系统的实验和观察推翻了纯属思辨传统的自然观，开创了以实验事实为根据并具有严密逻辑体系的近代科学。因此被誉为"近代力学之父"、"现代科学之父"。其工作为牛顿的理论体系的建立奠定了基础。

　　伽利略倡导数学与实验相结合的研究方法，这种研究方法是他在科学上取得伟大成就的源泉，也是他对近代科学的最重要贡献。

*第九节　平抛运动　运动的叠加原理

学习目标

1. 了解运动的叠加原理。

2. 理解平抛运动的特点，掌握平抛运动的规律。

一、平抛运动

将物体以一定大小的初速度沿水平方向抛出后，物体只受重力作用时所做的曲线运动称为**平抛运动**。例如，向水平方向投掷的小石块，从枪口平射出去的子弹，在水平飞行的飞机上释放的物体等，若忽略空气阻力的影响，这些运动都是平抛运动。

二、运动的叠加原理

平抛运动是一种复杂的曲线运动。下面利用如图 1-11 所示的装置对它进行研究。图中 A、B 为两个小球，当小锤打击弹簧片时，可使 B 球自由下落，同时 A 球受弹簧片的推动而沿水平方向抛出。实验表明，虽然 A、B 两球的运动形式不同（A 球做平抛运动，B 球做自由落体运动），但不论实验装置离地面多高，也不论 A 球被抛出时的初速度多大，两球总是同时落地。这表明，在同一时间内，A、B 两球在竖直方向上通过的距离总是相等。A 球除竖直方向的运动外，同时还有水平方向的运动，但其水平方向的运动对竖直方向的运动丝毫没有影响，两个方向上的运动是相互独立的，A 球的平抛运动就是这两种运动叠加的结果。由于大量的类似实验都能得到与此相同的结果，所以，可以得出这样的结论：**一个复杂的运动可以看成是由几个同时进行而又各自独立的运动叠加而成的。**该结论称为运动的**叠加原理**。

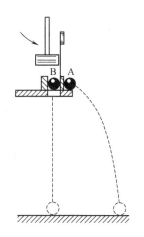
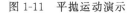

图 1-11　平抛运动演示

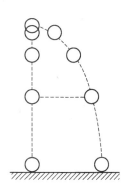

图 1-12　平抛运动与自由落体运动对比的频闪照片

三、平抛运动公式

对如图 1-11 所示的两个小球的运动进行频闪拍照，以便对它们的运动进行更精确的研究。它们的频闪照片如图 1-12 所示。测量结果表明，两球在竖直方向上的运动是相同的，它们经过同样的时间下落同样的距离。这说明，A 球在竖直方向上的运动与 B 球一样，也是自由落体运动。再对 A 球在相等时间内前进的水平距离进行测量，可以发现，A 球在水平方向上的运动是匀速运动。因此，可把平抛运动看成水平方向的匀速直线运动和竖直方向的自由落体运动的叠加。

根据以上分析，可以直接写出平抛运动的公式。

$$s = v_0 t \tag{1-12}$$

$$h = \frac{1}{2} g t^2 \tag{1-13}$$

式中，v_0 为平抛物体的初速度；t 为运动时间；s 为水平方向的位移；h 为竖直向下的位移。

如果已知平抛物体从多大高度和以多大的初速度抛出，就能计算出物体的运动时间和在这段时间内通过的水平距离。

由此可知，利用运动的叠加原理，可以把一个复杂的曲线运动分解成两个简单的直线运动，从而使问题大为简化，这是研究曲线运动的常用方法。

【例题】 沿水平方向以 $6.8 \times 10^2 \text{km/h}$ 的速度飞行的轰炸机，离地面高度为 $1.5 \times 10^3 \text{m}$，在轰炸敌方目标时，为使炸弹命中目标，应在距目标水平距离多远处投弹？（不计空气阻力）

已知 $h = 1.5 \times 10^3 \text{m}$，$v_0 = 6.8 \times 10^2 \text{km/h} \approx 189 \text{m/s}$。

求 s。

解 炸弹离开飞机时，具有与飞机相同的水平速度 v_0，若不考虑空气阻力的影响，则炸弹将做平抛运动，由 $h = \dfrac{1}{2} g t^2$ 可求出炸弹落地所需的时间。

$$t = \sqrt{\frac{2h}{g}} = \sqrt{\frac{2 \times 1.5 \times 10^3}{9.8}} \approx 17.5 \text{(s)}$$

再由 $s = v_0 t$ 即可求出飞机在这段时间内飞行的距离，也就是飞机在投弹时与目标的水平距离

$$s = v_0 t = 189 \times 17.5 \approx 3.3 \times 10^3 \text{(m)}$$

答： 轰炸机应在距目标水平距离 $3.3 \times 10^3 \text{m}$ 处投弹。

习题 1-9

1-9-1　一飞机在距地面 $2.0 \times 10^3 \text{m}$ 的高空水平飞行，当它距敌军目标的水平距离为 $3.2 \times 10^3 \text{m}$ 时，投下炸弹且恰好命中目标，求飞机的速度。（g 取 10m/s^2）

1-9-2　从 19.6m 高处水平抛出一物体，其初速度为 30m/s，求它落地前运动的水平距离。

1-9-3　一颗水平射出的子弹，其初速度为 $6.2 \times 10^2 \text{m/s}$，当它通过 $2.5 \times 10^2 \text{m}$ 的水平距离后，它的高度降低了多少？

本章小结

一、基本概念

1. 参考系与质点

要研究物体的运动，必须选择另一物体，这个物体称为参考系。同一物体的运动，对于不同的参考系，对它的运动状态的描述不同，所以机械运动中的运动或静止，都是相对于某一参考系而言的。

在研究物体运动时，在有些情况下，为简化问题，常忽略物体的形状、大小，而把它看成是具有一定质量的点，这样的点称为质点。质点是实际物体的一种理想模型。平动的物体都可看成质点。

2. 位移与路程

物体由 A 点沿某一路径运动到 B 点，连接 A、B 两点间的有向线段 $\overrightarrow{AB}$ 称为位移。从 A 点到 B 点所经过路径的长度称为路程。

注意以下两点。

① 位移是矢量，由初、末位置决定，与运动路径无关。路程是标量，与初、末位置及运动路径都有关。

② 一般来说，位移大小小于路程；只有在同方向的直线运动中，位移大小才等于路程。

3. 时刻与时间

时刻是指某一瞬时，时间是指两个瞬时之间的间隔。时刻与位置相对应，时间与位移、路程相对应。

4. 速度

速度是描述物体运动快慢和运动方向的物理量。速度是矢量。

（1）平均速度

$$\bar{v} = \frac{s}{t}$$

平均速度粗略地描述物体在某段时间内的运动快慢和方向，不能全面、真实地描述物体在各个时刻的运动情况。

（2）瞬时速度

物体在某时刻或某位置的速度，称为瞬时速度，它的大小表示物体在该时刻的运动快慢，它的方向就是物体运动的方向。

5. 加速度

加速度是描述物体运动速度变化快慢程度的物理量。加速度是矢量，它的方向就是速度变化量的方向。在直线运动中，当速度增加时，加速度方向与初速度方向相同；当速度减小时，加速度方向与初速度方向相反。

匀变速直线运动的加速度的公式为

$$a = \frac{v_t - v_0}{t}$$

二、基本规律

1. 匀速直线运动的特点及规律

① 物体运动的路径是直线，且是同方向的直线运动。

② 速度是恒量，且平均速度等于瞬时速度，加速度 $a = 0$。

③ 运动规律

$$v = \frac{s}{t}$$

$$s = vt$$

④ 位移图像（s-t 图像）是一条过坐标原点的斜向上方的直线；速度图像（v-t 图像）是一条平行于时间轴的直线。

物体在时间 t 内通过的位移大小，数值上等于 v-t 图像中的矩形面积。

对于变速运动，v-t 图像中的面积数值也等于时间 t 内物体通过的位移大小。

2. 匀变速直线运动的特点及规律

① 在任意相等的时间内，速度的变化量都相等。

② 加速度是一个恒量。

通常选初速度方向为正方向，在匀加速直线运动中，$v_t > v_0$，a 为正值，加速度的方向与初速度方向相同；在匀减速直线运动中，$v_t < v_0$，a 为负值，加速度的方向与初速度方向相反。

③ 匀变速直线运动规律

$$v_t = v_0 + at$$
$$s = v_0 t + \frac{1}{2} at^2$$
$$v_t^2 - v_0^2 = 2as$$
$$\bar{v} = \frac{v_0 + v_t}{2}$$

④ 速度图像（v-t 图像）。由于 a 为恒量，所以 v_t 是 t 的一次函数，v-t 图像是一条倾斜的直线，其斜率等于加速度，即 $a = \tan\alpha$。

3. 自由落体运动的特点及规律

① 自由落体运动是初速度为零、加速度为 g 的匀加速直线运动。

② g 为恒量，且 g 取 9.8m/s^2。在粗略计算中，g 取 10m/s^2。

③ 自由落体运动规律

$$v_t = gt$$

$$h = \frac{1}{2}gt^2$$

$$v_t^2 = 2gh$$

*4. 平抛运动和运动的叠加原理

一个复杂的运动可以看作是由几个同时进行而又各自独立的运动叠加而成的。

平抛运动可以看作是水平方向的匀速直线运动和竖直方向的自由落体运动的叠加，由此可确定平抛运动的规律。

$$s = v_0 t$$

$$h = \frac{1}{2}gt^2$$

复习题

一、判断题

1. 只有质量很小的物体才可以看作质点。（　　　）

2. 在直线运动中位移的大小等于路程。（　　　）

3. 匀速直线运动的平均速度和瞬时速度相等。（　　　）

4. 速度越大，物体的加速度也一定越大。（　　　）

5. 只在重力作用下的运动是自由落体运动。（　　　）

*6. 平抛运动可以看作水平方向的匀速直线运动和竖直方向的自由落体运动的叠加。（　　　）

*7. 一个复杂的运动可以看作是由几个同时进行而又各自独立的运动叠加而成的。（　　　）

二、选择题

1. 关于质点，下列说法中正确的是（　　　）

A. 只有运动速度较小的物体才可以看作质点

B. 只有体积很小的物体才可以看作质点

C. 只有平动的物体才可以看作质点

D. 只要物体的大小与研究问题中的距离相比极小时，物体就可以看作质点

2. 关于加速度，下列说法中正确的是（　　　）

A. 加速度是矢量，加速度的方向和速度的方向相同

B. 加速度是矢量，加速度的方向和速度的方向相反

C. 速度的变化量越大，加速度越大　　　　　　D. 速度的变化率越大，加速度越大

3. 关于物体做直线运动，下列说法中正确的是（　　　）

A. 运动物体在某时刻的速度为零时，其加速度一定为零

B. 运动物体的加速度为零时，其速度一定为零

C. 物体运动的加速度越来越小，表示速度的变化越来越慢

D. 当加速度的方向与物体速度的方向相同时，速度越来越小

4. 一个质点做直线运动，加速度的方向与运动方向相同，但加速度逐渐减小，则（　　　）

A. 速度逐渐增大，直到加速度等于零为止　　　B. 位移逐渐增大，直到加速度等于零为止

C. 速度逐渐减小，直到加速度等于零为止　　　D. 位移逐渐增大，直到速度等于零为止

5. 轻、重不同的物体从同一高度做自由落体运动，则（　　　）

A. 轻的物体先落地　　　　　　　　　　　　　B. 轻、重两物体同时落地

C. 重的物体先落地　　　　　　　　　　　　　D. 无法确定

三、填空题

1. 某运动员绕半径为 50m 的圆形跑道跑步，跑了 10 圈，共用时间 10min，运动员通过的路程是_____，位移是_____；他跑步的平均速度是_____。

2. 匀速直线运动的加速度大小是_____；匀加速直线运动的加速度方向与初速度方向_____；自由落体运动的加速度大小是_____，方向_____。

3. 复习题图 1-1 所示为 A、B 两物体在同一直线上，同时由同一位置向同一方向运动的速度图像。根

据速度图像回答下列问题：

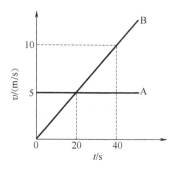

复习题图 1-1

(1) A 物体做_____运动，B 物体做_____运动；

(2) A、B 两物体经过_____s 运动速度相等；

(3) A、B 两物体运动的加速度大小分别为_____、_____；

(4) 经过 40s，A 物体运动的位移为_____，B 物体的位移为_____，两物体之间的距离为_____。

四、计算题

1. 矿井里的升降机由静止开始匀加速直线上升，经过 3.0s 速度达到 3.0m/s，然后以此速度匀速上升 6.0s，最后在 2.0s 内匀减速上升，到达井口时刚好停止。求矿井的深度，并绘出升降机运动的 v-t 图像。

2. 火车以 5m/s 的初速度在平直的铁轨上做匀加速直线运动，行驶 500m 时，速度增加到 15m/s，求火车加速的时间和火车运动的加速度。

3. 物体做自由落体运动，经过 A、B 两点的速度分别是 20m/s 和 50m/s，则 A、B 两点间的距离为多少？（g 取 10m/s²）

自　测　题

一、判断题

1. 只有平动的物体才可以看作质点。（　　）

2. 出租汽车是按路程收费的。（　　）

3. 作息时间表上的数字均表示时刻。（　　）

4. 物体有加速度，速度就增加。（　　）

5. 从空中下落的羽毛可以看作自由落体运动。（　　）

二、选择题

1. 关于时刻和时间，下列说法正确的是（　　）

A. 时刻表示时间较短，时间表示时间较长

B. 时刻对应物体的位置，时间对应物体的位移

C. 列车表上的数字均表示时间

D. 1min 只能分成 60 个时刻

2. 下列各组物理量中，全部是矢量的是（　　）

A. 位移、速度、平均速度　　　　　B. 速度、时间、平均速度

C. 位移、速率、加速度　　　　　　D. 速度、加速度、路程

3. 物体的加速度为零，说明物体的（　　）

A. 速度一定为零　　　　　　　　　B. 速度一定很大

C. 速度一定不变　　　　　　　　　D. 都不正确

4. 质点沿直线运动，相继 4s 的末速度分别是 2m/s、3m/s、4m/s、8m/s，质点的运动是（　　）

A. 匀速直线运动　　　　　　　B. 匀加速直线运动

C. 匀减速直线运动　　　　　　D. 变速直线运动

5. 在同一地点的自由落体运动中，下面说法正确的是（　　　）

A. 重的物体的加速度值比轻的物体的加速度值大

B. 重的物体比轻的物体下落得快

C. 大的物体比小的物体下落得快

D. 物体无论大小或轻重，下落的加速度相同

*6. 从地面上方水平抛出两物体，如果它们的落地点到各自的抛出点的水平距离相等，则两物体的（　　　）

A. 抛出速度一定相等

B. 抛出点高度一定相等

C. 抛出点较低者，抛出速度一定较大

D. 抛出速度较大者，抛出点一定较高

三、填空题

1. 参加万米长跑的运动员____视为质点，他做健美操时____看成质点。（填"能"或"不能"）

2. 位移可以用由____位置到____位置的有向线段来表示。

3. 匀速直线运动的速度不但有大小，而且有____，是____量，它的方向与____的方向相同，即物体的____方向。

4. 36km/h=____m/s；15m/s=____km/h。

5. 一个人从某处出发，向北行300m，再折回来向南行200m，从出发点算起，他运动的路程是____m，位移大小是____m，位移的方向是____。

6. 求平均速度的公式 $\bar{v}=\dfrac{v_0+v_t}{2}$ 只适用于____运动。

7. 自由落体运动是初速度为____的____直线运动。

*8. 从同一高处沿同一水平方向同时抛出两个物体，它们的初速度之比为3∶1，则两物体落地时间之比为____；两物体落地时水平位移之比为____。

四、计算题

1. 美国"肯尼迪"号航空母舰上装有帮助飞机起飞的弹射系统。已知"F-5"型战斗机在跑道上加速时，产生的最大加速度为5.0m/s²，起飞的最小速度是50m/s，弹射系统能够使飞机所具有的最大速度为30m/s，则：

(1) 飞机起飞时在跑道上至少加速多长时间才能起飞？

(2) 航空母舰的跑道至少应该多长？

2. 一个物体从78.4m高处落下，到达地面时的速度是多大？落到地面用多长时间？

第二章　力　物体的平衡

通过初中物理的学习，我们对力有了初步的了解，认识到力是物体对物体的作用。本章将在初中物理的基础上，进一步分析常见力的特点，学习力的合成和分解的知识，学习物体在共点力作用下的平衡条件和有固定转轴物体的平衡条件，了解它们在实际中的应用。加深对力的认识。

第一节　力

学习目标

掌握力的概念和力的矢量性。

一、力的定义

用手提水桶、拉弹簧，人就对水桶、弹簧施加了力，同时，人感到水桶、弹簧对手也施加了力；机车牵引列车前进，机车对列车施加了力，同时，列车对机车也施加了力。所有实例都表明，**力是物体间的相互作用**。

一个物体受到力的作用，一定有另一个物体施加这种作用，前者是受力物体，后者是施力物体。只要有力发生，就一定有受力物体和施力物体。有时为了方便，只说物体受到了力，而没有指明施力物体，但施力物体一定存在。

二、力的作用效果

人坐在沙发上，人对沙发施加了力，沙发发生凹变；用力压或拉弹簧时，弹簧缩短或伸长。像沙发、弹簧那样，物体的形状或体积发生改变的现象称为形变。由此可见，力是物体发生形变的原因。任何物体在力的作用下都能发生形变，有的形变明显，有的形变极其微小。微小形变可以通过"放大"观察到。

马用力拉车，车由静止运动起来；运动员用力踢一静止的足球，足球飞了出去；汽车刹车后，由于受到阻力作用慢慢停了下来。这说明力也是改变物体运动状态的原因。

总之，**力的作用效果是改变物体的运动状态或使物体发生形变**。

三、力的三要素

力的作用效果，不仅与力的大小、方向有关，而且与力作用在物体上的位置即力的作用点有关。我们把**力的大小、方向、作用点称作力的三要素**。

力的大小可以用测力计（弹簧秤）来测量。在 SI 中，力的单位是牛顿，简称牛，符号为 N。力不仅有大小，而且有方向。力的方向不同，作用效果也不同。如：树上的苹果受到竖直向下的力作用落向地面，空中的氢气球受到向上的浮力而上升。在研究物体的转动时，力的作用点不同，产生的效果也不同。因此，要完全表达一个力，除指明力的大小外，还应指明力的方向及作用点。

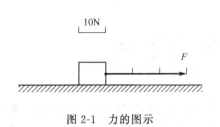

图 2-1　力的图示

力可以用带箭头的有向线段直观表示。线段按一定的比例（标度）画出，线段的长度表示力的大小，箭头的指向表示力的方向，箭头或箭尾表示力的作用点，力的方向所沿的直线叫做力的作用线。这种表示力的方法称为**力的图示**。图 2-1 表示作用在物体上大小为 30N、方向水平向右的力。有时只需画出**力的示意图**，即只画出力的作用点和方向，表示物体在这个方向上受到了力。

习题 2-1

2-1-1　举出几个实例说明力是物体对物体的作用。

2-1-2　用力的图示画出下面的力。

（1）用 300N 的力提水桶。

（2）用 100N 的力沿水平方向推桌子。

（3）用与地面成 30°的力拉小车，力的大小为 200N。

第二节　重力　弹力

学习目标

1. 掌握重力的方向以及重力大小与质量的关系。

2. 掌握弹力产生的条件和方向。理解胡克定律。

在日常生活和生产实践中，人们常常提到推力、拉力、支持力和压力等，这些是根据力的作用效果来命名的力。在物理学中，根据力的性质，在力学范围内，可将力分为**重力、弹力和摩擦力**三类。本节着重讨论重力和弹力的性质及特点。

一、重力

树上的苹果掉落总是竖直向下落向地面；运动员踢出去的足球、掷出去的铅球总是落向地面，这是由于物体受到地球的吸引所致。把**物体由于地球的吸引而受到的力称为重力**。物体受到的重力也称为**物体的重量**。

重力不但有大小，而且有方向。悬挂物体的绳子静止时总是竖直下垂的，由静止开始落向地面的物体总是竖直下落的，可见重力的方向是竖直向下的。

重力的大小可以用测力计测出。如图 2-2 所示，物体静止时对测力计的拉力或压力的大小等于物体受到的重力大小。

在已知物体质量的情况下，重力的大小可以根据初中学过的重力 G 和质量 m 的关系式求出。

$$G = mg \tag{2-1}$$

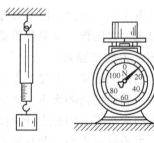

图 2-2　用测力计测出物体所受重力的大小

式中，g 就是前面学过的重力加速度，在地球表面附近一般取 9.8m/s^2。

一个物体的各部分都受到重力作用。但是，从效果上看，可以认为各部分受到的重力都集中于一点，这一点就是重力的作用点，称为物体的**重心**。质量均匀分布、形状规则的物体，其重心就在它的几何中心上。例如，均匀直棒的重心在棒的中点上；均匀球体的重心就在球心上；均匀圆柱体的重心在轴线的中点上（见图 2-3）。质量分布不均匀的物体，其重心的位置除了跟物体的形状有关外，还跟物体内质量的分布有关。载重汽车的重心随着装货多少和装载位置而变化。起重机的重心随着提升货物的重量和高度而变化。

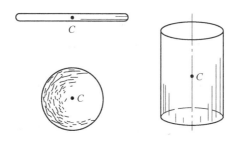

图 2-3　规则形状物体的重心

二、弹力

用力拉橡皮筋时，它就会伸长且变细。物体受力后形状或体积的改变称为**形变**。发生形变的物体由于要恢复原状，对与它接触的物体产生力的作用，这种力称为**弹力**。显然，只有在物体间直接接触并发生形变时才产生弹力，因此，弹力是一种接触力。例如，被拉长的弹簧要恢复原状，对与它接触的木块将产生弹力作用，可把木块拉回；被弯曲的竹竿要恢复原状，对与它接触的圆木将产生弹力作用，把水中的圆木拨开（见图 2-4）。

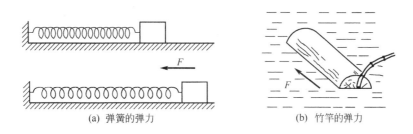

(a) 弹簧的弹力　　　　　　　　　(b) 竹竿的弹力

图 2-4　弹力

任何物体受力后都能发生形变，只是有的形变较小，不易察觉。

放在水平桌面上的书与桌面相互挤压，书和桌面都发生微小的形变。由于书的形变，它对桌面产生向下的弹力 N'，这就是书对桌面的压力。由于桌面的形变，它对书产生向上的弹力 N，这就是桌面对书的支持力（见图 2-5）。支持力和压力都是弹力，压力和支持力的方向都垂直于物体的接触面。

把电灯挂在导线上，会使导线产生微小的伸长形变，导线要恢复原状，对电灯施以向上的弹力，这就是导线对电灯的拉力。绳的拉力也是弹力，方向总是沿着绳并指向绳收缩的方向（见图 2-6）。

三、胡克定律

弹力的大小与弹性形变的大小有关，形变越大，弹力越大，但是，如果形变过大，超过

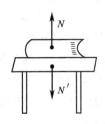
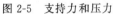

图 2-5　支持力和压力

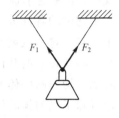

图 2-6　绳的拉力

一定限度，那么，即使撤去外力，物体也不能恢复原状，这个限度称为**弹性限度**。实验证明，**在弹性限度内，弹簧弹力的大小与弹簧伸长（或缩短）的长度成正比**，即

$$F = kx \qquad\qquad (2-2)$$

式中，k 为比例常数，称为弹簧的劲度系数，其 SI 单位为牛/米（N/m），它与弹簧的材料、匝数和粗细等有关；x 是弹簧伸长或缩短的长度，即弹簧形变后的长度与弹簧原有长度的差值，其 SI 单位为米（m）；F 是弹力的大小，其 SI 单位为牛（N）。这个规律是由英国物理学家胡克发现的，所以又称为**胡克定律**。

习题 2-2

2-2-1　放在桌面上的书，它对桌面的压力大小等于它的重力大小，能否说书对桌面的压力就是它的重力？为什么？

2-2-2　放在光滑水平地面上的两个静止的球，靠在一起，但并不相互挤压，它们之间有相互作用的弹力吗？为什么？

2-2-3　将一物体先后挂在两根不同的弹簧上，一根弹簧伸长的长度小，另一根伸长的长度大，问哪根弹簧的劲度系数大？为什么？

2-2-4　一根弹簧的原长是 15cm，竖直悬挂重 6.0N 的物体时变为 18cm，求这根弹簧的劲度系数。

第三节　摩　擦　力

学习目标

1. 掌握滑动摩擦力的概念、方向的判断方法和大小的计算。

2. 理解静摩擦力的概念，并会判断其方向。

摩擦现象随处可见。人走路、骑自行车、写字等都离不开摩擦；汽车行驶和刹车、传送带传送货物也离不开摩擦。

一、滑动摩擦力

小孩沿滑梯滑下，受到滑梯的阻碍作用；滑板、雪橇在雪地上运动，受到雪地的阻碍作用。一个物体沿另一个物体的表面滑动时，在接触面上产生的阻碍物体相对运动的力称为**滑动摩擦力**。滑动摩擦力的方向总是沿着接触面，并且与物体的相对运动方向相反（见图 2-7）。

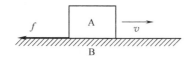

图 2-7　滑动摩擦力

实验表明：滑动摩擦力的大小与两物体间的正压力的大小成正比，即

$$f = \mu N \qquad (2\text{-}3)$$

式中，μ 称为动摩擦因数，其大小不仅与相互接触的两个物体的材料有关，还与接触面的粗糙程度有关。部分材料间的动摩擦因数见表 2-1。

表 2-1　部分材料间的动摩擦因数 μ

材　　料	μ	材　　料	μ
钢-冰	0.02	橡胶-路面	0.70～0.90
木-冰	0.03	玻璃-玻璃	0.40
钢-钢	0.25	皮革-铸铁	0.28
木-木	0.30	皮革-木	0.40
木-金属	0.20	气垫导轨	0.001

二、静摩擦力

如图 2-8 所示，一人用不大的水平力拉地面上的沉重箱子，此时，尽管箱子仍然静止，但有相对地面向右运动的趋势。根据初中所学的二力平衡的知识，这时一定有一个力与拉力平衡。这个力与拉力大小相等、方向相反，就是箱子与地面之间的摩擦力。

由于这时两个物体之间只有相对运动的趋势，而没有相对运动，所以这时的摩擦力称为静摩擦力。静摩擦力的方向总是沿着接触面，并且与物体相对运动趋势的方向相反。

静摩擦力的大小随外力的增大而增大。例如，在图 2-8 中，当人逐渐增大拉力，箱子还是不动时，静摩擦力也随之增大；当拉力增大到一定数值时，箱子刚刚开始滑动，静摩擦力达到最大值。静摩擦力的最大值称为**最大静摩擦力**。最大静摩擦力略大于物体间的滑动摩擦力，可近似看作相等。

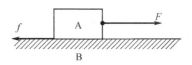

图 2-8　拉动箱子时受到的静摩擦力

三、摩擦的利与弊

摩擦在日常生活和生产实践中既有有利的一面，又有有害的一面。人们在实践中总结出许多增大或减小摩擦的经验和方法。

例如，汽车行驶是依靠摩擦的帮助而运动的。为增大摩擦，车胎的表面做成凹凸不平的花纹，在冬天结冰的公路上撒一些煤渣等。再如体操、举重运动员比赛时手上常擦一些镁粉防止打滑。

另一方面，摩擦往往与磨损有关。机器运转，由于摩擦使机器发热并磨损零件，降低机器的精度，缩短其使用寿命。有时摩擦还会带来噪声危害。为减小摩擦的影响，通常可采用润滑剂或采用滚动摩擦代替滑动摩擦等方法。

习题 2-3

2-3-1　手压着桌面滑动，会感到有阻力阻碍手的移动，而且手对桌面的压力越大，就会感到阻力越大，为什么？

2-3-2　一只玻璃杯，在下列情况下是否受到摩擦力？若受到摩擦力，其方向如何？

（1）杯子静止在粗糙的水平桌面上。

（2）杯子静止在倾斜的桌面上。

（3）杯子被握在手中，杯口朝上。

（4）杯子压着一张纸条，挡住杯子把纸条抽出。

2-3-3　要使重 400N 的桌子从原地移动，最小要用 200N 的水平推力。桌子移动后，为使它匀速运动，要 160N 的推力，求最大静摩擦力和动摩擦因数。如果用 100N 的力推桌子，这时静摩擦力是多大？

2-3-4　举出生产和生活中减小和增大摩擦的实例。

第四节　力 的 合 成

学习目标

1. 理解合力和分力的概念。
2. 掌握力的平行四边形定则。

一、合力和分力

在多数实际问题中，物体不只受一个力，而是同时受几个力。这时，常可求出这样一个力，它产生的效果与原来几个力共同作用的效果相同。利用如图 2-9 所示的装置，来研究橡皮条 GE 的伸长情况。图 2-9（a）表示橡皮条 GE 在绳的拉力 F_1、F_2 共同作用下沿着 GC 的方向伸长了 EO 这样的长度，且静止于 O 点；图 2-9（b）表示撤去 F_1 和 F_2，用另一绳的拉力 F 作用在橡皮条上，使它沿着同一直线伸长相同的长度。显然，力 F 产生的效果与力 F_1、F_2 共同作用产生的效果相同。

如果一个力的作用效果与几个力的共同作用效果相同，这个力就称为那几个力的**合力**，而那几个力就称为这个力的**分力**。如图 2-9 所示，力 F 是 F_1 和 F_2 的合力，力 F_1、F_2 是力 F 的分力。求几个已知力的合力称为**力的合成**。本书只讨论共点力的合成。

二、共点力的合成

如果几个力都作用在物体的一点上，或它们的作用线相交于一点，这几个力就称为**共点力**。

现在来研究两个共点力的合成。在图 2-9（c）中，从 O 点按一定比例分别画出代表力 F_1、F_2 和 F 的有向线段 $\overrightarrow{OA}$、$\overrightarrow{OB}$、$\overrightarrow{OC}$，并连接 AC 和 BC，量度结果表明，$OACB$ 是一个平行四边形，OC 是以 OA 和 OB 为邻边的平行四边形的对角线。改变 F_1 和 F_2 的大小和方向，重复上述实验，可以得到同样的结果。

由此可以得出结论：求互成角度的两个共点力的合力时，可以用表示这两个力的线段为邻边作平行四边形，这两个邻边之间的对角线即表示合力的大小和方向。这称为**力的平行四边形定则**。从这个定则可以看出，合力的大小与方向，不仅与这两个力的大小有关，还与它们之间的夹角有关。

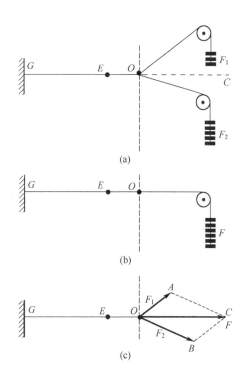

图 2-9　平行四边形定则研究

有两个共点力 F_1 和 F_2，它们之间的夹角为 α，当两力大小不变时，讨论合力 F 与夹角 α 的关系。由图 2-10 可得，夹角 α 越小，合力 F 越大。当 $\alpha = 0°$ 时，即两个力的方向相同时，它们的合力最大，等于两个力的大小之和，其方向与两个力的方向相同。

由图 2-11 可得，夹角 α 越大，合力 F 越小。当 $\alpha = 180°$ 时，即两个力的方向相反时，合力最小，等于两个力的大小之差，其方向与较大的力的方向相同。

由此可见，合力 F 的大小在两个分力大小之和（最大值）和两个分力大小之差（最小值）之间，即

$$|F_1 - F_2| \leqslant F \leqslant F_1 + F_2 \qquad (2-4)$$

多个共点力的合力，也可以由平行四边形定则求出。只要先求出任意两个力的合力，再求这个合力与第三个力的合力，这样继续下去，最后得出的就是所有力的合力。如图 2-12 所示，F 就是 F_1、F_2、F_3 的合力。

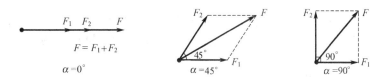

图 2-10　$\alpha \leqslant 90°$时，F 与 α 的关系

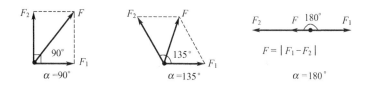

图 2-11　$90° \leqslant \alpha \leqslant 180°$时，$F$ 与 α 的关系

【例题】　两个人拉一辆车，一人用 45N 的力向东拉，另一人用 60N 的力向北拉，求这两个力的合力。

已知 $F_1 = 45\text{N}$，$F_2 = 60\text{N}$，$\theta = 90°$。

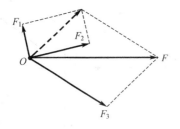

图 2-12　三个共点力的合成

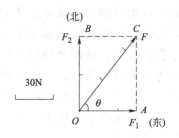

图 2-13　求两个拉力的合力

求 F。

解　用作图法求解。用 10mm 长的线段表示 30N 的力，作 $F_1=45$N、$F_2=60$N 的图示。由题意可知，这两个力之间的夹角为 90°，作出力的平行四边形，并画出表示合力 F 的对角线。如图 2-13 所示，量得对角线长为 25mm，所以合力的大小为

$$F=30\times\frac{25}{10}=75(\text{N})$$

合力的方向可以用合力与已知的任意一个分力（如 F_1）之间的夹角来表示。用量角器量得 F 与 F_1 之间的夹角 θ 为 53°。

该题还可用计算法求解。因为 F_1 和 F_2 互相垂直，所以 $OACB$ 为矩形，$\triangle OAC$ 为直角三角形。由勾股定理得

$$F=\sqrt{F_1^2+F_2^2}=\sqrt{45^2+60^2}=75(\text{N})$$

合力的方向可以用 θ 表示

$$\tan\theta=\frac{F_2}{F_1}=\frac{60}{45}\approx1.333$$

查正切函数表可得，$\theta\approx53°$。

答：这两个力的合力大小为 75N，合力的方向为东偏北 53°。

习题 2-4

2-4-1　有人说，两个力的合力的大小总大于每一个分力，这种说法正确吗？为什么？

2-4-2　两个同学，各用一只手共同提起一桶水时，两只臂膀间的夹角大时省力，还是小时省力？为什么？

2-4-3　两个力互成 90°，其大小分别为 90N 和 120N，试分别用作图法和计算法求其合力的大小和方向。

2-4-4　已知作用于一点的三个力，它们的大小都是 20N，任意两个力间的夹角都是 120°，用作图法求它们的合力。

第五节　力　的　分　解

学习目标

1. 理解力的分解的概念。
2. 掌握力的分解的方法。

　　力的合成表明，几个已知的共点力可以用它们的合力来代替；反之，一个已知力可以用它的两个或两个以上的分力来代替，这就是**力的分解**。力的分解是力的合成的逆运算，同样遵循平行四边形定则。

　　把表示已知力的线段作为对角线，作平行四边形，那么，过已知力作用点的两个邻边即表示已知力的两个分力。

　　对于一条对角线可以作出无数个不同的平行四边形（见图 2-14）。因此，同一个力 F 可以分解为无数对大小和方向都不同的分力。要想得到一个确定的答案，还需要另有附加条件，例如已知两个分力的方向，或者一个分力的方向和大小等。下面来看两个例子。

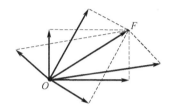

图 2-14　已知力的分解

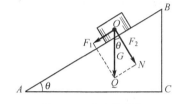

图 2-15　重力的分解

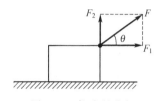

图 2-16　拉力的分解

　　一个物体放在斜面上，物体受到竖直向下的重力，但它并不竖直下落，而是沿斜面下滑，同时压紧斜面。根据重力产生的实际效果，可将重力分解成这样两个力，平行于斜面使物体下滑的力和垂直于斜面使物体压紧斜面的力。这样，已知重力 G 和两个分力的方向，就可以根据平行四边形定则利用作图法求出两个分力的大小，如图 2-15 所示。如果已知重力 G 和斜面倾角 θ 还可以计算出 F_1、F_2 的大小。由几何学知识可知，$\angle BAC = \angle NOQ = \theta$，所以有

$$F_1 = G\sin\theta \qquad F_2 = G\cos\theta \qquad (2-5)$$

　　一个人用与水平面成仰角 θ 的拉力 F 拉放在水平地面上的木箱。拉力一方面使木箱前进，另一方面把木箱向上提，减小了木箱对地面的压力。根据拉力 F 产生的实际效果，可将拉力 F 分解为这样两个力：平行于地面使木箱前进的力 F_1、垂直于地面竖直向上的提木箱的力 F_2，如图 2-16 所示。由图 2-16 可知，此时有

$$F_1 = F\cos\theta \qquad F_2 = F\sin\theta \qquad (2-6)$$

　　由上述两个例子可知，分解一个力时，先要分析它产生怎样的实际效果，再根据这些效果确定分力的方向（或大小），然后利用力的平行四边形定则对其进行分解。

习题 2-5

　　2-5-1　骑自行车的人，沿倾角为 30° 的斜坡向下滑行，人和车共重 700N，求使车下滑的力和压紧斜面的力。

　　2-5-2　如习题 2-5-2 图所示，电灯重 10N，AO 绳与竖直方向的夹角为 37°，BO 绳水平。求 AO 绳、BO 绳分别受到的拉力大小。

　　2-5-3　电线杆受水平导线 200N 的水平拉力和一端埋在地下的拉线向斜下方拉力的共同作用，结果使电线杆受到竖直向下 150N 的力（见习题 2-5-3 图），求拉线的拉力大小。

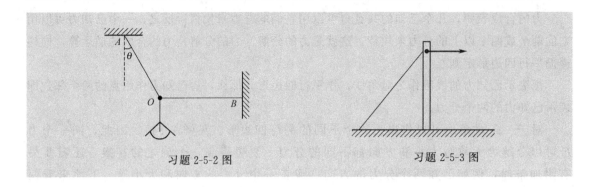

习题 2-5-2 图　　　　　　　　　习题 2-5-3 图

第六节　物体的受力分析

学习目标

1. 掌握对物体进行受力分析的方法。

2. 能正确地画出物体的受力图。

物体往往不只受一个力的作用，物体的运动状态与其受力情况密切相关。正确地分析物体的受力情况是研究物体运动的关键。

对物体进行受力分析时，首先要明确研究对象，即明确分析哪个物体的受力情况。然后，将被研究的物体从周围物体中隔离出来，分析周围有哪些物体对它施加力的作用。这种方法称为**隔离体法**。在分析周围物体对它的作用时，一般应按照重力、弹力、摩擦力的顺序逐个进行分析，并画出受力示意图，简称受力图。应注意，只分析周围物体对所研究物体的作用力，不要把它对周围物体的作用力也画在图上。不要漏掉力，也不要无中生有地多画力。每个实际存在的力都有确定的施力物体，脱离物体的力是不存在的。下面将结合具体实例说明如何对物体进行受力分析。

一、在水平面上的物体

在图 2-17(a) 中，物体 A 静止在水平面上。将 A 隔离，A 受重力 G 作用，方向竖直向下；A 与平面接触，平面对 A 施加支持力 N，方向竖直向上。

在图 2-17(b) 中，物体 A 向右滑动。将 A 隔离，A 受重力 G 作用，方向竖直向下；A 与平面接触，平面对 A 施加支持力 N，方向竖直向上；A 与水平面间有相对运动，A 受滑动摩擦力 f 作用，方向与相对运动方向相反，即水平向左；应注意 A 不受向右的拉力作用。

在图 2-17(c) 中，将 A 隔离，A 受重力 G 作用，方向竖直向下；A 受拉力 F 及水平面对物体的支持力 N 作用；A 与水平面间有相对运动趋势，因此 A 受静摩擦力 f 作用，方向水平向左。

二、在斜面上的物体

在图 2-18(a) 中，A 静止在斜面上。将 A 隔离，A 受到重力 G 作用，方向竖直向下；A 与斜面接触，斜面对物体 A 施加支持力 N，方向垂直于斜面向上；物体 A 相对于斜面有沿斜面下滑的趋势，所以物体 A 还受到斜面施加的静摩擦力作用，方向平行于斜面向上。

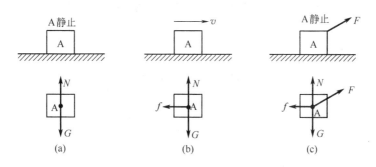

图 2-17　水平面上的物体的受力分析

在图 2-18(b) 中，A 沿斜面下滑。将 A 隔离，A 受到重力 G 作用，方向竖直向下；A 与斜面接触，受到斜面对物体的支持力 N，方向垂直于斜面向上；A 相对于斜面下滑，受到滑动摩擦力 f 作用，方向平行于斜面向上。值得注意的是，物体 A 在重力的作用下下滑，并不受所谓的下滑力作用。

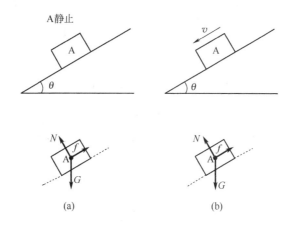

图 2-18　斜面上的物体的受力分析

三、连接体

如图 2-19 所示，分别分析物体 A、B 的受力情况。

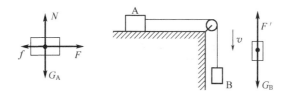

图 2-19　连接体问题的受力分析

A 与 B 通过轻绳连接在一起，当 B 下落时，A 随之向右运动，像这样相互连接的一个整体称作连接体。对于连接体问题，通常采用隔离体法进行受力分析。分别选择 A 与 B 为研究对象，分别进行受力分析。对于 A，受到四个力的作用：重力 G_A，方向竖直向下；桌面施加的支持力 N，方向竖直向上；绳对 A 的拉力 F，方向水平向右；A 相对桌面向右滑动，因此，受到水平向左的滑动摩擦力 f。对于 B，受到两个力的作用：重力 G_B，方向竖直向下；绳对 B 的拉力 F'，方向沿绳向上。

习题 2-6

2-6-1 如习题 2-6-1 图所示，分析物体 A 的受力情况。

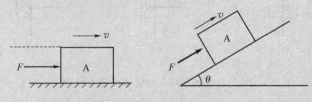

习题 2-6-1 图

2-6-2 如习题 2-6-2 图所示，已知物体 A 是静止的且各接触面是光滑的，分析物体 A 的受力情况。

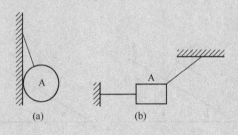

习题 2-6-2 图

2-6-3 如习题 2-6-3 图所示，分别画出物体 A、B 的受力图。

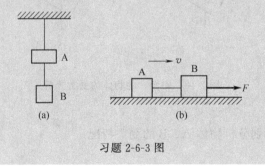

习题 2-6-3 图

第七节　共点力作用下物体的平衡

学习目标

1. 理解物体平衡的概念。

2. 掌握共点力的平衡条件，并能用来解决简单的平衡问题。

物体保持静止或做匀速直线运动的状态称为**平衡状态**。例如，房屋、桥梁和沿直线轨道匀速行驶的火车等都处于平衡状态。

一、共点力作用下物体的平衡条件

物体处于平衡状态时，作用在物体上的力必须满足一定的条件，这个条件称为**平衡条件**。下面来研究共点力作用下物体的平衡条件。

在初中学过二力平衡问题，即：物体受到两个共点力的作用，如果这两个力大小相等，方向相反，那么物体就处于平衡状态。由力的合成可知，这时物体所受的合力为零。

物体受到三个共点力的作用时，其平衡条件又是什么呢？下面用实验来研究这个问题。如图 2-20 所示，在木板上钉一张纸，将三根细绳的一端连在一起，另一端分别挂上砝码（其中两根绳跨过定滑轮），当结点 O 平衡时，在纸上描出三根绳的位置，记下砝码的质量，然后在纸上作三个力的图示，再应用力的平行四边形定则，画出任意两个力（如 F_1、F_2）的合力 $F_合$。量度结果表明，合力 $F_合$ 与第三个力 F_3 在一条直线上，且大小相等，方向相反。由此可知，在三个共点力的作用下，物体的平衡条件仍是它们的合力为零。

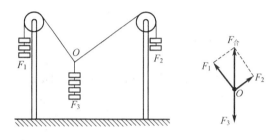

图 2-20 物体平衡条件的研究

进一步研究表明：物体在 n 个共点力作用下处于平衡状态时，任意 $n-1$ 个力的合力必定与第 n 个力在同一直线上，且大小相等，方向相反，合力为零。总之，**共点力作用下物体的平衡条件是合力为零**。即

$$F_合 = 0$$

二、共点力平衡条件的应用

【例题】 如图 2-21(a) 所示，停靠在岸边的小船，用缆绳拴住。若流水对它的冲击力 $F_1 = 400\text{N}$，垂直于河岸吹来的风对它的作用力 $F_2 = 300\text{N}$，船处于平衡状态。求缆绳对小船的拉力。

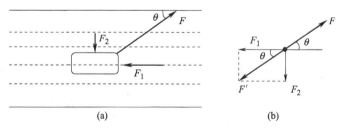

图 2-21 停靠在岸边的小船的受力分析

已知 $F_1 = 400\text{N}$，$F_2 = 300\text{N}$。

求 F。

解 取小船为研究对象，在水平方向它的受力情况如图 2-21(b) 所示。

由共点力平衡条件可知，F 与 F_1、F_2 的合力 F' 大小相等，方向相反。

由勾股定理得

$$F = F' = \sqrt{F_1^2 + F_2^2} = \sqrt{400^2 + 300^2} = 500(\text{N})$$

F 的方向用其与河岸的夹角 θ 表示。

$$\tan\theta = \frac{F_2}{F_1} = \frac{300}{400} = 0.75$$

查正切函数表可得 $\qquad\qquad \theta \approx 37°$

答：缆绳对船的拉力大小为 500N，方向与河岸的夹角为 37°。

习题 2-7

2-7-1　如习题 2-7-1 图所示，物体在五个力的作用下保持平衡，如果撤去力 F_5，而保持其余四个力不变，那么这四个力的合力大小和方向与力 F_5 有什么关系？

2-7-2　一个伞兵连同装备共重 800N，当他匀速降落时，它受到的空气阻力是多少？方向怎样？

2-7-3　马拉雪橇在水平冰面上匀速前进，雪橇和货物总重 6.0×10^4N，滑板与冰面的动摩擦因数为 0.027，问马拉雪橇的水平拉力是多少？

*2-7-4　如习题 2-7-4 图所示，放在水平地面上的木箱质量为 60kg，一人用大小为 200N、方向与水平方向成 30° 斜向上的力拉木箱，木箱沿地面做匀速运动，求木箱受到的摩擦力和支持力。

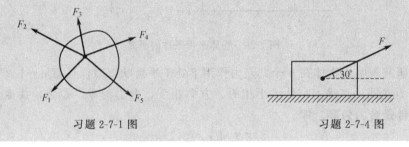

习题 2-7-1 图　　　　　　　　　习题 2-7-4 图

*第八节　有固定转轴物体的平衡

学习目标

1. 理解力矩的概念。

2. 掌握有固定转轴物体的平衡条件，并能解决简单的力矩平衡问题。

在日常生活中，像门的开、关运动，吊扇扇叶的旋转，钟表表针的运动以及机器飞轮的旋转等这类运动有一个共同的特点，它们都绕一个固定的轴转动。因此，我们将这类运动称作**定轴转动**。一个有固定转轴的物体如果保持静止或匀速转动，就称这个物体处于**转动平衡状态**。

一、力矩

推门时，力作用在离门轴较远的地方，能很容易地把门推开；如果在离门轴很近的地方推门，就要用较大的力才能把门推开；倘若力的作用线通过门轴，即使用很大的力，也不能把门推开。由此可见，力使物体转动的效果，不仅与力的大小有关，还与转轴到力的作用线的距离有关。力越大，转轴到力的作用线的距离越大，力产生的转动效果就越显著。

从转轴到力的作用线的垂直距离称为力臂。如图 2-22 所示，有两个力 F_1 和 F_2 作用在杆 AB 上，杆的转轴 O 垂直于纸面，L_1 和 L_2 分别是力 F_1 和 F_2 的力臂。

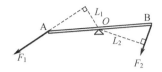

图 2-22 杠杆

力和力臂的乘积称为力对转轴的力矩。以 F 表示力的大小，L 表示力的力臂，M 表示力矩，则有

$$M = FL \qquad (2-7)$$

力矩的 SI 单位是牛顿·米，简称牛·米，其符号是 N·m。

力矩可以使物体向不同的方向转动。例如，把门的把手拉向自己或向外推去，门的转动方向是不同的。

显然，在考虑物体的转动时，不能不加分析地把它的重心当作物体所受一切外力的作用点。

二、有固定转轴物体的平衡条件

下面用图 2-23 所示的力矩盘来研究有固定转轴的物体的平衡问题。力矩盘在 F_1、F_2、F_3 三个力的作用下，处于平衡状态，量出三个力的力臂 L_1、L_2、L_3，分别计算出使盘向顺时针方向转动的力矩 M_1 和 M_2，使盘向逆时针方向转动的力矩 M_3，可以发现 $F_1 L_1 + F_2 L_2 = F_3 L_3$ 或 $M_1 + M_2 = M_3$。

改变力和力臂，重复上述实验，仍能得到相同的结果。由此可见，有固定转轴的物体的平衡条件是，**使物体向顺时针方向转动的力矩之和等于使物体向逆时针方向转动的力矩之和**。

通常规定使物体向逆时针方向转动的力矩为**正力矩**，使物体向顺时针方向转动的力矩为**负力矩**，正力矩和负力矩的代数和为**合力矩**，那么有固定转轴物体的平衡条件是合力矩为零。即

$$M_1 + M_2 + M_3 + \cdots = 0 \text{ 或 } M_合 = 0$$

三、力矩平衡条件的应用

【例题】 如图 2-24 所示，一根均匀直棒 OA 可绕轴 O 转动，用大小为 10N 的水平力 F 作用在棒的 A 端时，直棒静止在与竖直方向成 30°的位置上。直棒有多重？

已知 $F = 10\text{N}$，$\theta = 30°$。

求 G。

解 直棒是有固定转动轴的物体，使它发生转动的力矩有两个，一个是水平力 F 对轴 O 的力矩 M_1，另一个是直棒所受重力 G 对轴 O 的力矩 M_2。M_1 是使直棒向逆时针方向转动的正力矩，M_2 是使直棒向顺时针方向转动的负力矩，均匀直棒的重心在直棒的中点 C。

设直棒的长度为 l，则有 $M_1 = Fl\cos 30°$，$M_2 = -G \dfrac{l}{2}\sin 30°$。

由力矩的平衡条件得

$$M_1 + M_2 = 0$$

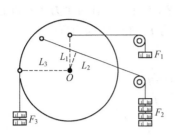

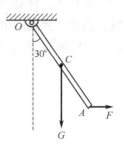

图 2-23　力矩平衡条件的研究　　　　　图 2-24　有固定转轴的均匀直棒

即：

$$Fl\cos30° - G\frac{l}{2}\sin30° = 0$$

解出 G 并代入数值，得

$$G = \frac{2F\cos30°}{\sin30°} \approx 35(\text{N})$$

答：直棒重 35N。

习题 2-8

2-8-1　火车车轮的边缘与制动片之间的摩擦力是 5.0×10^2 N，假设车轮的半径是 0.45m，求摩擦力的力矩。

2-8-2　作用在车床轴轮上的力矩是 84N·m，轴轮的直径是 0.28m，求作用力的大小。

*2-8-3　习题 2-8-3 图中的 BO 是一根横梁，一端装在轴 B 上，另一端用钢绳 AO 拉着。在 O 点挂一重物，重 240N，横梁是均匀的，重 80N，求钢绳对横梁的拉力大小。

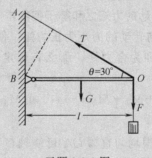

习题 2-8-3 图

本章小结

一、力

力是物体间的相互作用。有受力物体，必有施力物体，力不能离开物体而单独存在。力是矢量。力是改变物体的运动状态或使物体发生形变的原因。

二、常见的三种力

1. 重力

由于地球的吸引而使物体受到的力称为重力。重力的大小可用弹簧秤测出，方向总是竖直向下的，重力的作用点就是物体的重心。

2. 弹力

物体发生形变时，对与它接触的物体产生的作用力称为弹力。弹簧弹力的大小可用胡克定律计算，即 $F = kx$。支承面的弹力，方向是垂直于接触面指向被支承的物体；绳子的弹力，方向是沿着绳子指向绳收缩的方向。弹力只能在相互接触的物体间发生，因此它是接触力。

3. 摩擦力

一物体沿另一物体表面滑动时，在接触面上产生的阻碍物体相对运动的力称为滑动摩擦力。其大小为 $f = \mu N$，方向与物体间相对运动的方向相反。发生在两个相对静止的物体间的摩擦力称为静摩擦力。静摩擦力的最大值称为最大静摩擦力。静摩擦力的方向与物体相对运动趋势的方向相反。

三、力的合成与分解

如果一个力作用在物体上，它产生的效果与几个力共同作用产生的效果相同，那么这个力就称为那几个力的合力，那几个力就称为这个力的分力。

已知分力求合力称为力的合成，已知合力求分力称为力的分解。

力的合成与分解互为逆运算，即遵循平行四边形定则。

四、物体的受力分析

把研究对象从周围物体中隔离出来，分析周围有哪些物体对它施力，这些力各是什么性质的力，力的方向怎样，并把它们一一画在受力图上。分析时一般按重力、弹力、摩擦力的顺序进行。

五、共点力作用下物体的平衡

物体保持静止或做匀速直线运动的状态称为平衡状态。

在共点力作用下，物体的平衡条件是合力为零。

*六、有固定转轴的物体的平衡

有固定转轴的物体保持静止或做匀速转动的状态称为平衡状态。

力矩能使物体产生转动效果。力矩的大小为 $M = FL$。

有固定转轴的物体的平衡条件是使物体向顺时针方向转动的力矩之和等于使物体向逆时针方向转动的力矩之和，即合力矩为零。

复 习 题

一、判断题

1. 力的作用效果与力的大小、方向、作用点都有关。（　　　）
2. 重力的施力物体是地球。（　　　）
3. 弹力产生在直接接触而又发生形变的两物体之间。（　　　）
4. 摩擦力总起阻力的作用。（　　　）
5. 合力一定大于每一个分力。（　　　）

二、选择题

1. 关于力，下列说法中正确的是（　　　）

A. 只有直接接触的物体之间才有力的作用

B. 可以只存在受力物体而不存在施力物体

C. 只要有一个物体就能产生力的作用

D. 一个力必定与两个物体相联系

2. 关于弹力，下列说法中正确的是（　　　）

A. 相互接触的物体之间必有弹力作用

B. 压力的方向和支持力的方向总是与接触面垂直

C. 物体对桌面的压力是桌面发生微小形变而产生的

D. 放在桌面上的物体对桌面的压力就是物体的重力

3. 关于摩擦力，下列说法中正确的是（　　　）

A. 相互挤压的物体之间一定存在摩擦力

B. 摩擦力一定随压力的增大而增大

C. 摩擦力可以是动力，也可以是阻力

D. 静止的物体都受静摩擦力作用

4. 作用在同一物体上的两个力，$F_1=5N$，$F_2=4N$，它们的合力不可能是（   ）

A. 9N   B. 5N   C. 2N   D. 10N

5. 几个共点力作用在同一物体上，使它处于平衡状态。若撤去其中一个力 F，则物体将（   ）

A. 改变运动状态，合力的方向与 F 相同

B. 改变运动状态，合力的方向与 F 相反

C. 改变运动状态，合力的方向无法确定

D. 运动状态不变

三、填空题

1. 力的作用效果是_____。

2. 静摩擦力的方向总是与_____方向相反，滑动摩擦力的方向总是与_____方向相反。

3. 两个大小一定的共点力，在方向_____时，合力最大；在方向_____时，合力最小。

4. 水平地面上静止放置一只木箱重 500N，有人用 400N 的力竖直向上提它，则地面对木箱的支持力是_____，木箱受到的合力是_____。

5. 质量为 20kg 的物体，其重力大小为_____；若将其放置在倾角为 30°的斜面上，它沿斜面下滑的力是_____，它对斜面产生的压力是_____。

四、计算题

1. 如复习题图 2-1 所示，水平拉线 AB 对竖直电线杆的拉力 $F_1=300N$，斜牵引线 BC 的拉力 $F_2=500N$，电线杆恰好不偏斜，求两个拉力的合力 F。

2. 沿光滑的墙壁用网兜把一个足球挂在 A 点，足球的质量为 m，网兜的质量不计，如复习题图 2-2 所示。足球与墙壁的触点为 B，悬绳与墙壁的夹角为 α。求悬绳对球的拉力大小和墙壁对球的支持力大小。

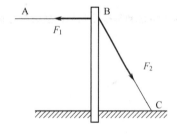

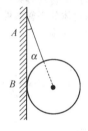

复习题图 2-1   复习题图 2-2

* 3. 如复习题图 2-3 所示是一台起重机的示意图。机身和平衡体重 $G_1=4.2\times10^5N$，起重杆重 $G_2=2.0\times10^4N$，其他数据如图中所示。起重机至多能提起多重的货物？（提示：这时起重机以 O 为转动轴而保持平衡）

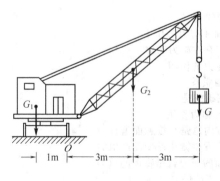

复习题图 2-3

自 测 题

一、判断题

1. 物体只有静止时才受重力作用。（　　）
2. 若两个物体互相接触，它们之间一定有弹力作用。（　　）
3. 摩擦力产生在两个物体的接触面上。（　　）
4. 力的分解遵循平行四边形定则。（　　）
5. 共点力作用下物体的平衡状态是指物体保持静止或做匀速直线运动的状态。（　　）

二、选择题

1. 关于静摩擦力，下列说法正确的是（　　）
A. 两个表面粗糙的物体，只要直接接触就会产生静摩擦力
B. 静摩擦力总是阻碍物体的运动
C. 静摩擦力的方向跟物体间相对运动趋势的方向相反
D. 两个物体之间的静摩擦力总是一个定值
2. 下列说法中错误的是（　　）
A. 力的合成遵循平行四边形定则
B. 一切矢量的合成都遵循平行四边形定则
C. 与两个分力共点的那一条对角线所表示的力是它们的合力
D. 以两个分力为邻边的平行四边形的两条对角线都是它们的合力
3. 两个共点力的大小均为10N，要使合力的大小也为10N，这两个力间的夹角应为（　　）
A. 30° 　　　　　　 B. 60° 　　　　　　 C. 90° 　　　　　　 D. 120°
4. 站在升降机地板上的人，当升降机匀速向上运动时，人受的力有（　　）
A. 重力、地板支持力
B. 重力、地面支持力、静摩擦力
C. 重力、支持力、人向上的力
D. 重力、支持力、静摩擦力和人向上的力
5. 如自测题图 2-1 所示，一个重力为 G 的物体，受到水平力 F 的作用，沿墙匀速下滑，物体与墙间的动摩擦因数为（　　）

A. $\dfrac{F+G}{F}$ 　　　　　 B. $\dfrac{F-G}{F}$ 　　　　　 C. $\dfrac{G}{F}$ 　　　　　 D. $\dfrac{F+G}{G}$

自测题图 2-1

三、填空题

1. 力的三要素是力的_____、_____、_____。
2. 弹簧上端固定，下端挂 10N 的重物，弹簧伸长 2.0cm，则它的劲度系数为_____ N/m。（设在弹性限度内）
3. 两个共点力互相垂直，大小分别为 15N 和 20N，这两个力的合力的大小为_____ N。
4. 质量为 m 的物体，放在倾角为 θ 的斜面上，物体的重力沿斜面的分力大小为_____，垂直于斜面的分力的大小为_____。
5. 物体在三个共点力作用下处于平衡状态，其中一个力竖直向上，大小为 5N，若把这个力去掉，其他力不变，则其余两个力的合力大小为_____ N，方向_____。
* 6. 在自测题图 2-2 中，$F=30N$，$OA=0.50m$，$\theta=30°$，棒的质量不计，O 为轴，F 的力矩分别是
(1)_____ N·m；(2)_____ N·m；(3)_____ N·m。

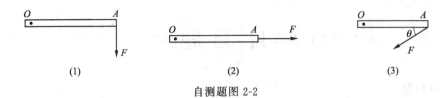

自测题图 2-2

四、计算题

1. 用细绳系住的气球，受到水平方向的风力作用，静止在与竖直方向成 60°角的位置上。已知绳子对气球的拉力大小为 120N，求气球的重力和气球受到的风力大小。

2. 质量为 m 的物体在倾角为 α 的斜面上匀速下滑。试分析物体的受力情况，并求出各力的大小和物体与斜面间的动摩擦因数。

第三章　牛顿运动定律

前面主要学习了有关物体运动的规律和力的知识，并没有涉及物体为什么会做各种各样的运动。要弄清这个问题，需要知道力和运动的关系。在力学中，研究物体怎样运动而不涉及运动和力关系的分支称为运动学，研究运动和力的关系的分支称为动力学。

动力学知识在日常生活、生产实践、工程设计和科学研究中都有着重要的应用，建筑设计、架设输电线路、修渠筑坝、机械制造、计算人造卫星轨道、研究天体运动，甚至连徒手劳动等都离不开动力学知识。

动力学的基础是牛顿运动定律。牛顿站在巨人的肩上，继承总结前人的科研成果，提出三条运动定律，并由此发展了系统的经典力学理论。本章将在初中物理学过的惯性、惯性定律的基础上，深入讲述牛顿运动定律，揭示力与运动的关系。本章还将引入动量和冲量的概念，学习动量定理、动量守恒定律、万有引力定律以及与圆周运动有关的知识。

第一节　牛顿第一定律

学习目标

1. 掌握牛顿第一定律，理解惯性的概念。
2. 理解力是改变物体运动状态的原因。

一、伽利略的理想实验

2000 多年以前，古希腊哲学家亚里士多德（公元前 384—公元前 322）根据人们的传统观念提出，必须有力作用在物体上，物体才能运动，力是维持物体运动的原因。

17 世纪，伽利略根据实验和推论，指出了亚里士多德的错误。他认为，在水平面上运动的物体之所以会停下来，是因为受到了摩擦阻力，在一个完全没有摩擦阻力的光滑水平面上，物体一旦具有某一速度，就会保持其速度不变并一直运动下去。

伽利略对图 3-1 所示的理想实验做了分析和推论，让小球沿斜面 A 从静止滚下，如果斜面光滑，那么小球将沿斜面 B 上升到原来的高度，减小斜面 B 的倾角，如图 3-1（b）所示，小球仍将上升到原来的高度，但要通过较长的距离。他推论，继续减小斜面 B 的倾角，最终使斜面 B 成为水平面，如图 3-1（c）所示，小球不可能达到原来的高度，就要沿水平面以恒定速度永远运动下去。

上述实验是假定没有摩擦阻力的理想实验，但它是建立在可靠的事实基础上的，把可靠的事实和抽象的思维结合起来的理想实验，是科学研究中的一种重要方法。

二、牛顿第一定律的表述

英国著名科学家牛顿（1642—1727）在伽利略等人的研究基础上，进一步总结得出结

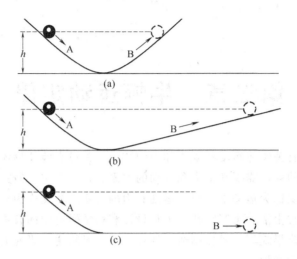

图 3-1　伽利略的理想实验

论：**一切物体总保持静止或匀速直线运动状态，直到有外力迫使它改变这种状态为止。**这就是**牛顿第一定律**。

物体保持静止或匀速直线运动状态的性质，称为**惯性**。因此，牛顿第一定律又称为**惯性定律**。

牛顿第一定律告诉我们，一切物体都有惯性，惯性是物体的固有属性，力不是维持物体运动的原因，而是使物体运动状态发生变化的原因。

惯性的表现是处处可见的。例如，汽车突然开动时，乘客会向后仰；滑冰的人停止用力后，仍能滑行很长距离；古代战争中使用绊马索，也是很巧妙地利用了惯性。

事实上，不受外力作用的物体是不存在的。当物体虽然受力而外力的合力为零时，物体将与不受外力时一样，保持静止或匀速直线运动状态，我们平时所观察到的匀速直线运动状态和保持静止的状态，实际上都是物体所受外力的合力为零的情况。

习题 3-1

3-1-1　回答下列问题：

（1）汽车紧急刹车后，轮子不转了，汽车为什么要向前滑动？

（2）松动的锤头，为什么将锤把末端往地上磕一磕，锤头就会安牢？

3-1-2　一个小球以 1.5m/s 的速度运动着，如果没有受到外力作用，10s 后它的速度将是多大？方向如何？

3-1-3　一物体如果没有受到外力作用，它就一定静止，这种说法正确吗？为什么？

相关链接

理　想　实　验

人们在科学实验中，为了排除次要因素的干扰，能在极度纯化和简单的状态下对研究对象进行研究，而在想象中塑造一个理想过程，称为"假想实验"或"理想实验"。

理想实验是一种抽象思维活动，是逻辑推理的过程。它是当时（受具体条件或因素限制）无法做到的实验，但它是以可靠的事实为基础的。理想实验是实际实验的延伸和发展，它可以充分发挥理性思维的逻辑力量，让思维超越现实的科技水平和具体条件，在想象的空间中将实验进行下去。

理想实验的方法曾被许多物理学家使用，如伽利略的对接斜面实验。爱因斯坦更是把它运用到了炉火纯青的地步，如"爱因斯坦火车"、"爱因斯坦升降机"等。

牛　　顿

牛顿（1643—1727）是英国皇家学会会员，英国伟大的物理学家、数学家、天文学家、自然哲学家，百科全书式的"全才"。

牛顿出生于英格兰林肯夏郡沃斯索普村一个农民家庭。牛顿出生前 3 个月，父亲便去世了，由于早产的缘故，新生的牛顿十分瘦小。3 岁时，牛顿的母亲改嫁，他由外祖母抚养。牛顿在中学时代成绩并不出众，只是爱好读书，对自然现象有好奇心，如颜色、日影的移动，尤其是几何学、哥白尼的日心说等。他还分门别类地记读书笔记，又喜欢别出心裁地制作些小工具、小技巧、小发明、小试验，如风车、风筝、滴漏时钟、日晷仪等。牛顿有一句名言："说我看得远，那是因为我站在巨人的肩上"。

在数学方面，牛顿是微积分的创始人之一。微积分的创立为近代科学发展提供了最有效的工具，开辟了数学上的一个新纪元。在物理学方面，牛顿是经典力学理论的开创者，他的三大定律构成了经典力学的理论基础。牛顿在力学方面的另一巨大贡献是发现万有引力定律，万有引力定律是自然界的普遍规律之一，适合于宏观和微观世界中任何物体之间。

后人为了纪念牛顿对自然科学发展做出的贡献，把力的单位定为牛［顿］。

第二节　牛顿第二定律

学习目标

1. 掌握牛顿第二定律的内容和表达式。

2. 能用牛顿第二定律进行简单计算。

3. 了解质量和惯性的关系。

物体不受外力作用时，不论是保持静止还是做匀速直线运动，物体的速度都是不变的，或者说没有加速度；当物体受到外力作用时，它的速度将发生变化，就有了加速度。由此可见，**力是物体获得加速度的原因**。那么物体的加速度与哪些因素有关呢？

一、加速度和力的关系

同一辆静止的小车，分别用大小不等的力去推它，推力小，它的速度增加得慢，即加速度小；推力大，它的速度增加得快，即加速度大。汽车紧急刹车时，车轮被刹住不转，如果路面与轮胎间的摩擦力小，汽车速度减小就慢，加速度小；如果摩擦力大，它的速度减小就快，加速度大。由此可见，对同一物体来说，它受到的外力越大，它的加速度越大；反之，就越小。

实验表明，对质量相同的物体来说，物体的加速度与物体所受的外力成正比。用数学式子可表示为

$$\frac{a_1}{a_2} = \frac{F_1}{F_2} \quad 或 \quad a \propto F$$

推小车时，推力向前，小车做加速运动，加速度的方向也向前；汽车刹车时，摩擦力向后，汽车做减速运动，加速度的方向也向后。一切实验都表明，加速度的方向与外力的方向相同。

二、加速度和质量的关系

用同样大小的牵引力分别拉一辆空车和一辆满载车，空车的速度增加得快，加速度大；满载车的速度增加得慢，加速度小。如果它们以相同的速度运动，在相同的制动力作用下，空车能在较短时间内停下来，速度减小得快，加速度大；满载车需经较长时间才停下来，速度减小得慢，加速度小。

实验表明，在相同外力作用下，不同质量的物体获得的加速度与物体的质量成反比。用数学式子可表示为

$$\frac{a_1}{a_2} = \frac{m_2}{m_1} \quad 或 \quad a \propto \frac{1}{m}$$

由上述分析可知，在相同外力作用下，质量大的物体，获得的加速度小，这表明它的速度不易改变，惯性大；质量小的物体，获得的加速度大，这表明它的速度容易改变，惯性小。由此可见，**质量是物体惯性大小的量度**。

三、牛顿第二定律的表述

总结上述两个结果，可以得到下述结论：**物体的加速度与物体所受的外力成正比，与物体的质量成反比，加速度的方向与外力的方向相同**。这就是**牛顿第二定律**。用数学式子可表示为

$$a \propto \frac{F}{m}$$

写成等式即为

$$a = k'\frac{F}{m}$$

或

$$F = \frac{1}{k'}ma$$

或

$$F = kma \tag{3-1}$$

式中，k 为比例常数，如果式中各量选用适宜的单位，就能使 $k=1$，从而使公式简化。

在 SI 中，力的单位是这样规定的：使质量为 $1kg$ 的物体获得 $1m/s^2$ 加速度的力，作为力的单位，称为 1 牛顿，中文名称是牛 ［顿］，国际符号是 N。

因此，若 $m=1\mathrm{kg}$，$a=1\mathrm{m/s^2}$，则 $F=1\mathrm{N}$，将这些数据代入式（3-1），可得 $k=1$，这时，式（3-1）可简化为

$$F=ma \tag{3-2}$$

这就是采用 SI 单位时牛顿第二定律的表达式。

当物体同时受到几个外力作用时，式（3-2）中的 F 就是这些力的合力。因此，牛顿第二定律的更一般的表述为：**物体的加速度与它所受的外力的合力成正比，与它的质量成反比，加速度的方向与外力的合力方向相同**。用数学式子可表示为

$$F_合=ma \tag{3-3}$$

式中，$F_合$ 表示外力的合力。

由式（3-3）可知，当合力为零时，加速度也为零，物体保持静止状态或做匀速直线运动。当合力恒定不变时，加速度恒定不变，物体就做匀变速运动。如果合力的大小或方向随时间变化，那么加速度的大小或方向也将随时间相应变化。

利用牛顿第二定律，可以导出物体的质量 m 与它所受重力 G 之间的关系。假设该物体做自由落体运动，这时它只受重力作用，由牛顿第二定律可得

$$G=mg \tag{3-4}$$

式中，g 为重力加速度。G、m、g 的单位分别为 N、kg 和 $\mathrm{m/s^2}$。

因为物体不论是否做自由落体运动，它所受的重力是相同的，所以式（3-4）表示了物体的质量和它的重力之间的关系，即物体所受的重力等于该物体的质量与当地重力加速度的乘积。

【例题】　一个物体在 10N 的外力作用下产生的加速度是 $4.0\mathrm{m/s^2}$，要使这个物体产生 $6.0\mathrm{m/s^2}$ 的加速度，需要对它施加多大的外力？这个物体的质量是多大？

已知 $F_1=10\mathrm{N}$，$a_1=4.0\mathrm{m/s^2}$，$a_2=6.0\mathrm{m/s^2}$。

求 F_2。

解　由牛顿第二定律得

$$F=ma$$

所以

$$m=\frac{F_1}{a_1}=\frac{10}{4.0}=2.5\ (\mathrm{kg})$$

$$F_2=ma_2=2.5\times6.0=15\ (\mathrm{N})$$

答：需要对物体施加 15N 的外力，物体的质量为 2.5kg。

习题 3-2

3-2-1　由牛顿第二定律可知，无论多么小的力，都可以使物体产生加速度，可是当你用力去推堆放在地面上的集装箱之类的重物时，它却"纹丝不动"。这种情况是否违背牛顿第二定律？为什么？

3-2-2　一个物体受到 $F_1=4\mathrm{N}$ 的力作用，产生 $a_1=2\mathrm{m/s^2}$ 的加速度，要使它产生 $a_2=3\mathrm{m/s^2}$ 的加速度，需要施加多大的力？

3-2-3　甲、乙两辆小车，在相同的力作用下，甲车产生的加速度为 $1.5\mathrm{m/s^2}$，乙车产生的加速度为 $4.5\mathrm{m/s^2}$，甲车的质量是乙车质量的几倍？

3-2-4　质量为 1kg 的物体，放在光滑的水平桌面上，在下列几种情况下，物体的加速度分别是多少？方向如何？

（1）受到一个大小是 10N，方向水平向右的力。

（2）受到两个大小都是 10N，方向都是水平向右的力。

（3）受到一个大小是 10N、方向水平向左和一个大小是 7N、方向水平向右的两个力的作用。

（4）受到大小都是 10N，方向相反的两个力的作用。

第三节　牛顿第三定律

学习目标

1. 理解牛顿第三定律。

2. 了解牛顿第三定律在生产和生活中的一些应用。

一、作用力和反作用力

手拉弹簧，弹簧受力伸长，同时手也会感到弹簧的拉力。在平静的湖面上，如果一只船上的人，用绳索拉另一只船，那么两只船会同时靠拢。"拿着鸡蛋碰石头"，在石头受到撞击力的同时，鸡蛋也被撞得粉碎。

以上事实表明，两个物体之间力的作用总是相互的。一物体对另一物体有力的作用时，另一物体也一定同时对这个物体有方向相反的力的作用。两物体间相互作用的这一对力称为**作用力和反作用力**。我们可把其中任一个力称为作用力，而把另一个力称为反作用力。

二、牛顿第三定律的表述

作用力和反作用力之间存在什么关系呢？下面用实验来说明。

把 A、B 两个弹簧秤连接在一起，其中 B 挂在墙上，在水平方向上用手拉 A 时（见图3-2），两弹簧秤的示数相等，改变手拉弹簧秤的力，两弹簧秤的示数也随之改变，但两个示数总是相等；一旦手松开，两个弹簧秤的指针将同时回到零点。这个实验说明，作用力和反作用力是大小相等、方向相反的。

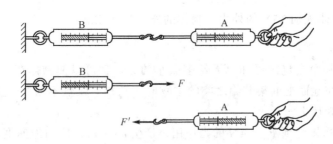

图 3-2　作用力与反作用力

所有的实验都表明，**两个物体之间的作用力和反作用力总是大小相等，方向相反，沿同一直线，分别作用在两个物体上**，这就是牛顿第三定律。用数学式子表示即为

$$F = -F'$$
　　　　　　　　　　　　　　　　　　　　　　　　　　　　　　　　　　（3-5）

式中，F 和 F' 分别是作用力和反作用力，负号表示作用力 F 和反作用力 F' 的方向

相反。

作用力和反作用力，总是属于同种性质的力。例如，作用力是弹力，反作用力也一定是弹力；作用力是摩擦力，反作用力也一定是摩擦力。

应注意的是，作用力和反作用力不是作用在同一物体上，而是分别作用在两个物体上，因此作用力和反作用力不存在相互平衡或抵消的问题，它们将各自产生自己的效果。由于两物体的情况不同，尽管相互作用力大小相等，其效果却未必相同。

牛顿第三定律在生活和生产中应用很广泛。例如，运动员起跑时，猛蹬助跑器，助跑器同时也给运动员一个反作用力，使运动员向前冲。轮船的螺旋桨旋转时，螺旋桨向后推水，水同时也给螺旋桨一个向前的反作用力，使轮船前进。

习题 3-3

3-3-1　有人说"施力物体同时也一定是受力物体。"这种说法正确吗？举例说明原因。

3-3-2　用牛顿第三定律判断下列说法是否正确。

（1）马拉车时，由于马向前拉车的力等于车向后拉马的力，二力平衡，所以无论马用多大的力都拉不动车；

（2）只有站在地上不动，人对地面的压力和地面对人的支持力，才是大小相等、方向相反的；

（3）以卵击石，鸡蛋破了而石头却安然无恙，这是因为石头对鸡蛋的作用力大于鸡蛋对石头的作用力；

（4）A 物体静止在 B 物体上，A 物体的质量大于 B 物体的质量，那么 A 作用于 B 的力大于 B 作用于 A 的力。

3-3-3　把一个物体挂在弹簧秤上并保持静止，试说明为什么弹簧秤的读数等于物体受到的重力？

第四节　牛顿运动定律的应用

学习目标

1. 理解国际单位制中力学的基本量和基本单位。
2. 掌握应用牛顿运动定律解题的基本思路和方法，理解超重和失重现象。

一、力学单位制

用公式 $v=\dfrac{s}{t}$ 来求速度，如果位移用 m 作单位，时间用 s 作单位，求出的速度单位就是 m/s。同样，用公式 $F=ma$ 来求力时，如果质量的单位用 kg，加速度的单位用 m/s²，求出的力的单位就是 kg·m/s²，也就是 N。

可见物理公式在确定物理量的数量关系的同时，也确定了物理量的单位关系。因此，我们可以选定几个物理量的单位作为**基本单位**，再根据物理公式中其他物理量和这几个物理量的关系，推导出其他物理量的单位。例如，选定了位移的单位（m）和时间的单位（s），运

用公式 $v=\dfrac{s}{t}$ 就可推导出速度的单位（m/s）；再运用 $a=\dfrac{v_t-v_0}{t}$ 可以推导出加速度的单位（m/s²）。如果再选定质量的单位（kg），利用公式 $F=ma$ 就可推导出力的单位（N）。这些推导出来的单位叫**导出单位**。基本单位和导出单位一起组成了单位制。

在力学中，选定长度、质量、时间这三个物理量的单位作为基本单位，就可推导出其他物理量的单位。选定这三个物理量的不同单位，可以组成不同的力学单位制。在国际单位制（SI）中，长度、质量、时间分别选取 m、kg、s 作为基本单位。本书采用国际单位制（SI）。

二、牛顿运动定律应用举例

牛顿运动定律确定了力和运动的关系，是研究机械运动的基本定律。如果已知物体的受力情况，根据牛顿第二定律可求出运动的加速度，进而由运动学公式求出物体的运动情况；反之，如果已知物体的运动情况，根据运动学公式可求出加速度，再应用牛顿运动定律求出物体的受力情况。

下面举例说明牛顿运动定律的应用。

【例题1】 一架喷气式飞机，载客后的总质量为 1.25×10^5 kg，喷气机的总推力为 1.3×10^5 N，飞机所受的阻力为 5.0×10^3 N，飞机在水平跑道上滑行了 60s 后起飞，求起飞时的速度和起飞前飞机滑行的距离。

已知 $F=1.3\times10^5$ N，$f=5.0\times10^3$ N，$m=1.25\times10^5$ kg，$t=60$ s，$v_0=0$。

求 v_t，s。

解 选取飞机为研究对象，受力分析如图 3-3 所示，规定飞机向前滑行的方向为正方向。

由 $F_合=ma$ 得

$$F-f=ma$$

所以

$$a=\frac{F-f}{m}=\frac{1.3\times10^5-5.0\times10^3}{1.25\times10^5}=1.0\ (\text{m/s}^2)$$

由 $v_t=v_0+at$ 和 $s=v_0t+\dfrac{1}{2}at^2$，及 $v_0=0$ 得

$$v_t=at=1\times60=60\ (\text{m/s})$$

$$s=\frac{1}{2}at^2=\frac{1}{2}\times1.0\times60^2=1.8\times10^3\ (\text{m})$$

答：飞机起飞时的速度为 60m/s，起飞前滑行的距离为 1.8×10^3 m。

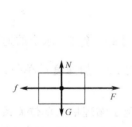

图 3-3 飞机的受力分析

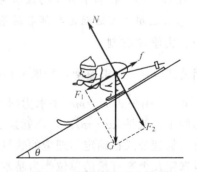

图 3-4 滑雪者的受力分析

【例题2】　一个滑雪者，质量 $m=75\text{kg}$，以 $v_0=2\text{m/s}$ 的初速度沿山坡匀加速地滑下，山坡的倾角 $\theta=30°$，在 $t=5\text{s}$ 的时间内滑下的距离 $s=60\text{m}$。求滑雪者受到的阻力（包括滑动摩擦和空气阻力）。

已知 $v_0=2\text{m/s}$，$s=60\text{m}$，$t=5\text{s}$，$\theta=30°$，$m=75\text{kg}$。

求 f。

解　以滑雪者为研究对象，受力情况如图 3-4 所示，将重力 G 沿山坡方向和垂直山坡方向分解，得

$$F_1=mg\sin\theta$$
$$F_2=mg\cos\theta$$

规定滑雪者沿山坡下滑的方向为正方向。

由 $s=v_0t+\dfrac{1}{2}at^2$ 得

$$a=\frac{2(s-v_0t)}{t^2}$$
$$=4(\text{m/s}^2)$$

由 $F_合=ma$ 得

$$F_1-f=ma$$

所以

$$f=F_1-ma$$
$$=mg\sin\theta-ma=75\left(9.8\times\frac{1}{2}-4\right)$$
$$=67.5\,(\text{N})$$

答：滑雪者受到的阻力为 67.5N。

【例题3】　升降机以 0.5m/s^2 的加速度匀加速上升，站在升降机内的人质量是 50kg，人对升降机地板的压力是多大？如图 3-5 所示，如果人站在升降机内的测力计上，测力计的示数是多大？

已知 $a=0.5\text{m/s}^2$，$m=50\text{kg}$。

求 N'。

解　如图 3-5 所示，选取人为研究对象，规定升降机和人的运动方向为正方向。测力计的示数等于人对测力计的压力大小。

由 $F_合=ma$ 得

$$N-G=ma$$

所以　　　　　　$N=G+ma=m(g+a)$

代入数值得到

$$N=50\times(9.8+0.5)=515\,(\text{N})$$

由牛顿第三定律得

$$N'=-N=-515\,(\text{N})$$

"—"号表示人对测力计的压力方向与测力计对人的支持力方向相反。

答：人对升降机地板的压力大小是 515N，其方向竖直向下；测力计的示数是 515N。

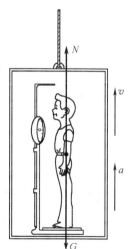

图 3-5　升降机内
人的受力分析

针对上题情况，进行如下讨论。

升降机加速上升时，$N=m(g+a)>mg$，测力计的示数比人受到的重力大。这种现象称为**超重现象**。

升降机加速下降时，a 取负值，同理计算得 $N=m(g+a)<mg$，测力计的示数比人所受的重力小，这种现象称为**失重现象**。若升降机做自由落体运动，则 $a=-g$，$N'=0$，即测力计的示数为零，这种状态称为**完全失重状态**。

升降机匀速运动时，$a=0$，$N'=mg$，测力计的示数等于人所受的重力。

应当注意的是：不论是超重，还是失重，地球作用于物体的重力始终存在，大小不变，只是物体对支持物的压力看起来好像比物体的重力有所增大或减小。

通过对上述例题的分析，可以总结出应用牛顿运动定律解题的一般步骤。

① 分析题意，明确研究对象。

② 对研究对象进行受力分析和运动特点分析。通常采用隔离体法画出研究对象的受力图。这一步是解决问题的关键。

③ 规定正方向，根据牛顿运动定律和运动学公式列出方程。

④ 统一各量的单位，解方程得结果。求解时最好先用符号得出结果，然后再代入数据进行运算。

习题 3-4

3-4-1　质量为 4.0×10^3 kg 的汽车由静止开始在发动机牵引力作用下，沿平直公路行驶。若已知发动机的牵引力是 1.6×10^3 N，汽车受到的阻力是 8.0×10^2 N，求汽车开动后速度达到 10m/s 所需时间和在这段时间内汽车通过的位移。

3-4-2　一辆质量为 3.0×10^3 kg 的汽车以 20m/s 的速度前进，要使它在 30s 内匀减速地停下来，它要受多大的阻力？

3-4-3　滑雪运动员从静止开始沿山坡匀加速滑下，2.0s 内滑下 2.6m，山坡的倾角为 30°，运动员和全部装备的总质量是 60kg，求运动员滑下时受到的摩擦力。

3-4-4　一台起重机的钢丝绳可承受 1.4×10^4 N 的拉力，用它起吊重 1.0×10^4 N 的货物，若使货物以 1.0m/s^2 的加速度上升，钢丝绳是否会断裂？（g 取 10m/s^2）

相关链接

失重和宇宙开发

人造地球卫星、宇宙飞船、航天飞机等航天器进入轨道后，其中的人和物将处于失重状态。航天器进入轨道后可以近似认为是绕地球做圆周运动，做圆周运动的物体的速度方向是时刻改变的，因而具有加速度，它的大小等于卫星所在高度处重力加速度的大小。这跟在以重力加速度下降的升降机中发生的情况类似，航天器中的人和物都处于完全失重状态。

你能够想象出完全失重的条件下会发生什么现象吗？你设想地球上一旦重力消失，会发生什么现象，在宇宙飞船中就会发生什么现象。物体将飘在空中，液滴呈绝对球形，气泡在液体中将不上浮。宇航员站着睡觉和躺着睡觉一样舒服，走路务必小心，稍有不慎，将会"上不着天，下不着地"，食物要做成块状或者牙膏似的糊状，以免食物的碎渣"漂浮"在空中，进入宇航员的眼睛、鼻孔。你还可以继续发挥你的想象力，举出更多的现象来。

你还可以再想一想，人类能够利用失重的条件做些什么吗？下面举几个事例，将会帮助你思考。这里所举的事例，虽然还没有完全实现，但科学家们正在努力探索，也许不久的将来就会实现。

在失重条件下，熔化了的金属的液滴，形状呈绝对球形，冷却后可以成为理想的滚珠。而在地面上，用现代技术制成的滚珠，并不呈绝对球形，这是造成轴承磨损的重要原因之一。

玻璃纤维（一种很细的玻璃丝，直径为几十微米）是现代光纤通信的主要部件。在地面上，不可能制造很长的玻璃纤维，因为没等到液态的玻璃丝凝固，由于重力的作用，它将被拉成小段。而在太空的轨道上，将可以制造出几百米长的玻璃纤维。

在太空的轨道上，可以制成一种新的泡沫材料——泡沫金属。在失重条件下，在液态的金属中通以气体，气泡将不"上浮"，也不"下沉"，均匀地分布在液态金属中，凝固后就成为泡沫金属，这样可以制成轻得像软木塞似的泡沫钢，用它做机翼，又轻又结实。

同样的道理，在失重条件下，混合物可以均匀地混合，由此可以制成地面上不能得到的特种合金。

电子工业、化学工业、核工业等部门，对高纯度材料的需要不断增加，其纯度要求为"6个9"至"8个9"，即 99.9999%～99.999999%。在地面上，冶炼金属需在容器内进行，总会有一些容器的微量元素掺入到被冶炼的金属中，而在太空中的"悬浮冶炼"是在失重条件下进行的，不需要用容器，消除了容器对材料的污染，可获得纯度极高的产品。

在电子技术中所用的晶体，在地面上生长时，由于受重力影响，晶体的大小受到限制，而且要受到容器的污染，在失重条件下，晶体的生长是均匀的，生长出来的晶体也要大得多。在不久的将来，如能在太空建立起工厂，生产出砷化镓的纯晶体，它要比现有的硅晶体优越得多，将会引起电子技术的重大突破。

在太空失重的条件下，会生产出地面上难以生产的一系列产品。建立空间工厂，已经不再是幻想。科学家们要在太空中做各种实验，你们也可以提出自己的太空实验设想，展开你想象的翅膀，为宇宙开发贡献一份力量吧！

*第五节 牛顿运动定律的适用范围

学习目标

了解牛顿运动定律的适用条件。

以牛顿运动定律为基础的经典力学建立于 17 世纪，三百多年来，经典力学在生产实践和科学技术各领域得到了广泛的应用。从地面上的汽车、火车等现代交通工具的运动到空中飞机的飞行、行星的运动；从设计各种机械到修桥筑坝、建楼立塔；从抛出物体的运动到人造地球卫星、宇宙飞船的发射等都很好地服从经典力学规律。经典力学在处理宏观物体低速运动的问题上展示出其无比的优越性。

但是一切物理规律都有一定的适用范围。随着人们对物质世界认识的深入，面对新的研究领域中发现的新现象、新问题，牛顿运动定律就显得无能为力了。

19 世纪末，人们开始探索物质世界的微观领域，研究发现，像电子、质子、中子等微观粒子不仅具有粒子性，而且具有波动性，经典力学不能解释微观粒子的运动规律。20 世纪初，量子力学应运而生，成功解释了微观粒子的运动规律，并推动科学技术向纵深发展。

当物体的运动速度接近光速时，物体的质量并非一成不变，经典力学无法解释其原因。20 世纪初，著名物理学家爱因斯坦提出了狭义相对论，指出物体的质量与运动速度有关，对于高速运动的问题可利用相对论来处理。

相对论和量子论是 20 世纪人类最伟大的发现，它们的建立开创了人们认识微观世界和宇宙天体的新纪元。这说明人类对自然界的认识更加深入，并非表示经典力学就失去意义。**总之，以牛顿运动定律为基础的经典力学只适用于研究宏观物体低速运动的问题。**

*第六节　动量　冲量　动量定理

学习目标

1. 理解动量和冲量的概念。
2. 理解动量定理，掌握其应用。

在研究碰撞、打击、爆破等问题时，由于作用时间极短，作用力很大，且随时间迅速变化，直接应用牛顿运动定律解决十分困难。因此，需要引入动量的概念，并且学习与动量有关的知识。

一、动量

在运动场上，我们常常看到足球运动员用头去顶迎面飞来的足球，但从未看见过有运动员顶飞来的铅球，这是因为铅球比足球质量大，若它们以同样的速度撞击的话，铅球的撞击作用大；从枪口射出的子弹可以穿透很厚的钢板，而同一颗子弹静放在钢板上，显然不能自动穿过钢板。大量的事实表明：一个物体对另一个物体的撞击效果不仅与它的速度有关，而且与它的质量有关。在研究物体的相互作用时只考虑速度是不够的，还必须考虑物体的质量。

力学中把物体的质量 m 和它的速度 v 的乘积 mv 称为物体的动量，用符号 P 表示，即

$$P = mv \tag{3-6}$$

动量不仅有大小，而且有方向，是矢量。动量的方向与运动速度方向相同。

动量的单位由质量和速度的单位确定。在 SI 中，动量的单位是千克·米／秒，符号是 kg·m/s。

动量也是描述物体运动状态的物理量。物体的质量和速度越大，其动量就越大；反之，就越小。动量的大小能反映物体具有的机械运动量的大小，它是力学中重要的物理量之一。

二、冲量

物体在力的作用下运动一段时间后，速度发生了变化，动量也就发生了变化。作用力越大，时间越长，物体的速度改变就越大，动量变化就越大。这表明：物体动量的变化由力 F 和它的作用时间 t 共同决定。

在力学中，**把力 F 和它的作用时间 t 的乘积 Ft 称为力的冲量。**用符号 I 表示，即

$$I = Ft \tag{3-7}$$

冲量不仅有大小，而且有方向，是矢量。冲量的方向与力的方向相同。

冲量的单位由力和时间的单位确定。在 SI 中，冲量的单位是牛顿·秒，符号是 N·s。

可以证明：$1N \cdot s = 1kg \cdot m/s$。

冲量是动量变化的原因。力的冲量与运动时间有关，是过程量。

三、动量定理

物体受到冲量作用时，其动量就要发生变化，那么物体动量的变化与其所受到的冲量有何关系呢？下面根据牛顿运动定律来推导二者的关系。

设质量为 m 的物体在恒定的合外力 F 的作用下，沿直线运动，经过一段时间 t，物体的速度由 v_0 变为 v_t，相应的动量就由 mv_0 变为 mv_t，动量的变化为 $\Delta P = mv_t - mv_0$。

由加速度公式 $a = \dfrac{v_t - v_0}{t}$ 和牛顿第二定律 $F_合 = ma$ 得 $F = m\dfrac{v_t - v_0}{t}$，即

$$Ft = mv_t - mv_0 \tag{3-8}$$

或
$$I_合 = P_t - P_0$$

或
$$I_合 = \Delta P$$

式（3-8）表明，物体所受到的合外力的冲量等于物体的末动量减去物体的初动量。即**物体受到的合外力的冲量，等于物体在这段时间内动量的增量**。这个结论称为**动量定理**。

在很多情况下，作用在物体上的外力是随时间变化的，这时，动量定理中的 F 应理解为平均力。

动量和冲量都是矢量，当它们在同一直线上时，应注意式（3-8）中 F、v_t、v_0 的正负号。运算时应先规定正方向，与正方向相同的矢量取正，反之取负。

四、动量定理的应用

由动量定理可知，物体动量的变化，由作用力和作用时间两个因素决定。力越大，作用时间越长，动量的变化也越大。当物体的动量变化一定时，力和作用时间成反比。作用时间越短，作用力越大；反之，作用时间越长，作用力越小。这一道理在工农业生产实践中得到了广泛应用。例如，钉钉子时总是用铁锤而不用橡皮锤就是为了缩短作用时间，增大作用力，打桩机打桩、冲床冲压钢板等也是这个道理。跳高时总是铺垫厚厚的海绵垫而不是钢板；跳远时沙坑里总是放些沙子而不是石头；在车辆、机械中广泛使用缓冲弹簧；搬运易碎的玻璃器皿时总是在包装箱中放些泡沫塑料、碎纸屑等填充物；建筑工人进入建筑工地必须戴安全帽等，都是延长时间，减小作用力的事例。

【例题】　垒球运动员用球棒迎击一个质量为 $0.18kg$，以 $25m/s$ 的水平速度飞来的垒球，打中后，垒球反向水平飞行，速度大小为 $45m/s$。设球棒与垒球的作用时间为 $0.010s$，问球棒对垒球的平均作用力有多大？

已知 $m = 0.18kg$，$v_0 = 25m/s$，$v_t = -45m/s$，$t = 0.010s$。

求 $\overline{F}$。

解　以垒球为研究对象，垒球所受的合力近似等于球棒对垒球的平均作用力。

选取垒球的初速度方向为正方向，由动量定理得

$$\overline{F}t = mv_t - mv_0$$

所以
$$\overline{F} = \frac{mv_t - mv_0}{t} = \frac{0.18 \times (-45) - 0.18 \times 25}{0.010} = -1.26 \times 10^3 (N)$$

"一"号表示球棒对垒球的平均作用力的方向与所选的正方向相反，即它的方向与垒球飞回的方向相同。

答：球棒对垒球的平均作用力的大小是 $1.26 \times 10^3 N$，方向与垒球飞回的方向相同。

习题 3-6

3-6-1　解释下列现象：

（1）工人进入建筑工地时必须戴安全帽；

（2）棒球运动员接球时总是戴着厚而软的手套；

（3）人从高处向下跳时总是曲膝下蹲。

3-6-2　以同样大小的速度分别向两个方向抛出质量相等的物体，问抛出时它们的动量相等吗？

3-6-3　质量为 10g 的子弹以 8.0×10^2 m/s 的速度飞行，一个质量为 60kg 的人以 8.0m/s 的速度奔跑，问哪一个动量大？

3-6-4　质量为 10kg 的物体，以 10m/s 的速度运动。在受到一个恒力作用后，经 4.0s 物体沿反方向以 2.0m/s 的速率运动，选物体的初速度方向为正方向，求

（1）物体受力前的动量；

（2）物体受力后的动量；

（3）4.0s 内恒力的冲量；

（4）恒力的大小和方向。

*第七节　动量守恒定律

学习目标

1. 掌握动量守恒定律内容及其应用。

2. 了解反冲运动。

一、系统　内力和外力

在参与打击、碰撞等相互作用的两个物体中，对其中一个物体可利用动量定理确定它的动量变化，若把两个物体作为整体来考虑，相互作用前后它们的总动量变化遵循什么规律呢？打台球时，有经验的运动员总是让一个球沿确定的方向击中另一个球，使球入网得分。溜冰场上，原来静止的两个人，无论谁推谁一下，两人都会向相反的方向滑去。大量的事例说明相互作用的两个物体，作用前后动量变化遵循一定的规律。

我们把相互作用的物体组成的整体通常称为**系统**，系统中物体之间的作用力叫做**内力**，系统外部其他物体对系统内物体的作用力叫做**外力**。

二、动量守恒定律的表述

现在我们讨论两个在光滑水平面上沿同一直线运动的小球在相互作用前后动量的变化规律。

如图 3-6 所示，质量为 m_1 和 m_2 的两个小球，分别以速度 v_{10} 和 v_{20} 在光滑的水平面上向右匀速运动，且 $v_{10} > v_{20}$。当球 1 追赶上球 2 时，发生碰撞，碰撞过程中，球 1 受球 2 的作用力为 F_1，球 2 受球 1 的作用力为 F_2，相互作用时间为 t。因为两球都受到冲量的作用，所以它们的动量都要改变。若碰撞后它们的速度分别为 v_1 和 v_2，则由动量定理可得

$$F_1 t = m_1 v_1 - m_1 v_{10}$$

$$F_2t = m_2v_2 - m_2v_{20}$$

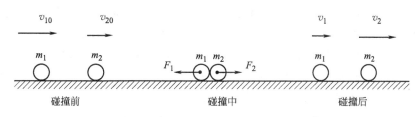

图 3-6　两个小球发生碰撞

由牛顿第三定律可知，F_1 和 F_2 大小相等，方向相反，即 $F_1 = -F_2$，上面两式相加化简得

$$m_1v_{10} + m_2v_{20} = m_1v_1 + m_2v_2 \tag{3-9}$$

式(3-9)等号左边是碰撞前系统的总动量，右边是碰撞后系统的总动量。显然，两个小球组成的系统碰撞前后总动量保持不变。对于两个小球组成的系统，除受到相互作用的内力 F_1 和 F_2 之外，还受到重力及支持力等外力作用，但它们彼此平衡，系统所受到的外力的合力为零。由此得到：如果**一个系统不受外力作用或者所受的外力的合力为零，系统的总动量保持不变**。这个结论称为**动量守恒定律**。

和动量定理的情况相似，在用式(3-9)进行计算时，也应先规定正方向，与正方向相同的速度取正，反之取负。

动量守恒定律是自然界中普遍适用的基本规律之一，对大到天体星系，小到分子、原子等各种物体都适用。当物体的速度接近光速时，它也仍然适用。它不仅适用于正碰（碰撞前后物体在同一直线上运动），而且适用于斜碰（碰撞前后物体不在同一直线上）；不仅适用于两个物体组成的系统，也适用于多个物体组成的系统。

动量守恒定律的适用条件是系统所受的外力的合力为零，但当系统的内力远远大于外力时，外力就可忽略不计，也可以认为系统动量守恒。

【例题】　在列车编组站里，一辆质量为 $1.8 \times 10^4 \text{kg}$ 的货车在平直轨道上以 2.0m/s 的速度运动，碰上一辆质量为 $2.2 \times 10^4 \text{kg}$ 的静止的车厢，对接后二者一起运动，求它们共同运动的速度。

已知 $m_1 = 1.8 \times 10^4 \text{kg}$，$v_{10} = 2.0 \text{m/s}$，$m_2 = 2.2 \times 10^4 \text{kg}$，$v_{20} = 0$。

求 v。

解　货车与车厢对接组成一个系统。选该系统为研究对象，系统所受的外力有：重力、支持力、摩擦力和空气阻力。重力和支持力彼此平衡，摩擦力和空气阻力与碰撞内力相比很小，可忽略不计，所以货车与车厢组成的系统碰撞前后动量守恒。

选碰撞前货车运动的方向为正方向，设碰撞后系统共同运动的速度为 v，则有 $v_1 = v_2 = v$，根据动量守恒定律得

$$m_1v_{10} = m_1v + m_2v$$

所以　　　　　$v = \dfrac{m_1v_{10}}{m_1 + m_2} = \dfrac{1.8 \times 10^4 \times 2.0}{1.8 \times 10^4 + 2.2 \times 10^4} = 0.90 \ (\text{m/s})$

v 是正值，表示货车与车厢结合后仍然沿原来的方向运动。

答：货车和车厢共同运动的速度大小是 0.90m/s，方向与货车原来的运动方向相同。

三、反冲运动　火箭

发射前的火炮，各部分都静止不动，总动量为零。火炮射击时，炮弹获得向前的动量，

冲出炮口飞向前去，根据动量守恒定律，炮身必然获得大小相等、方向相反的动量向后退，这种后退运动称为**反冲运动**。反冲运动对火炮是有害的，这是因为使炮身复位还需重新瞄准，要花时间，降低了射击速度，影响火炮威力的发挥，因而现代火炮都装有使炮身自动复位的装置。此外，人们还设计了无后坐力炮。这种炮尾部开有喷气口，发射时炮身本应后退，但火药燃烧产生的一部分高压气体，经喷气口高速向后喷出，这能使炮身向前反冲，恰当地利用这两种相反方向的反冲作用，就能使炮身不动。

反冲运动也有有利的一面。喷气式飞机就是它的一项重要应用。喷气式飞机跟老式飞机不同，它不是靠被螺旋桨拨动的空气的反作用力，而是利用机身向后喷出的高速气体使自身受反冲作用而前进的。单位时间内喷出的气体越多，喷出的速度越大，飞机的速度就越大。现代喷气式飞机的速度可以超过 $10^3\,\mathrm{m/s}$。

运载火箭主要用于发射探测仪器、弹头、人造星体或宇宙飞船，它的飞行原理与喷气式飞机相同，但一般喷气式飞机要利用空气中的氧助燃，只能在大气中飞行；火箭由于自带燃料和氧化剂，能飞到大气层以外。发射人造星体和宇宙飞船的运载火箭，最终要达到 $7.9\times10^3\,\mathrm{m/s}$ 以上的速度，而目前条件下一般火箭仅能达到 $4.5\times10^3\,\mathrm{m/s}$，因此在技术上应采用多级火箭。把火箭一级一级地接在一起，起飞后，第一级火箭先开始工作，待其燃料用完后，外壳自动脱落并点燃第二级火箭。后一级火箭在前一级的基础上进一步加速，而前一级火箭外壳的脱落又减轻了后一级的负担，因此它能达到更高的最终速度。

习题 3-7

3-7-1　一人在湖心钓了一桶鱼后准备上岸回家，可他发现船桨早已落入水中不见了，于是他将帽子摘下向背离岸的方向用力投去，又将外衣等随身携带的物品接连投出，这时小船慢慢向岸边漂去。船向岸边靠近依据的是什么原理？（水的阻力不计）

3-7-2　甲、乙两人静止在光滑的冰面上，甲推了乙一下，结果两人向相反的方向滑去。已知甲的质量为 50kg，乙的质量为 45kg，甲的速度与乙的速度之比是多大？

3-7-3　质量为 10g 的子弹，以 $3.0\times10^2\,\mathrm{m/s}$ 的速度射入静止在水平桌面上的质量是 24g 的木块，并留在木块中一起运动，它们共同的运动速度是多大？若子弹将木块打穿，射穿后子弹的速度变为 $1.0\times10^2\,\mathrm{m/s}$，此时木块运动的速度又是多大？

第八节　匀速圆周运动

学习目标

1. 理解匀速圆周运动。

2. 掌握匀速圆周运动的线速度、角速度、周期、频率的物理意义以及它们之间的数量关系。

3. 掌握向心力、向心加速度的概念及计算公式。

一、匀速圆周运动的定义

物体沿圆周运动是一种常见的曲线运动，在圆周运动中，最简单的是匀速圆周运动。

钟表秒针端点的运动轨迹是个圆，将圆周等分为 60 段，每段弧长为 s_0，那么，经过

1s，2s，3s，…秒针端点通过的弧长就是 s_0，$2s_0$，$3s_0$，…像这样**物体沿圆周运动，如果在任意相等的时间内通过的圆弧长度都相等，这种运动就称为匀速圆周运动**。它是工程技术中常见的运动形式，如匀速转动的电动机转子某一部分的运动，地球绕太阳的公转也可近似看成是质点的匀速圆周运动。

怎样描述匀速圆周运动的快慢呢？

二、线速度　角速度

匀速圆周运动的快慢，可以用线速度来描述。根据匀速圆周运动的定义，做匀速圆周运动的质点通过的弧长 s 与时间 t 成正比，比值越大，表示单位时间内通过的弧长越长，运动就越快。这个比值就是匀速圆周运动的线速度的大小，以符号 v 表示。

$$v = \frac{s}{t} \tag{3-10}$$

线速度是相对于下面将要讲到的角速度而命名的，其实它就是物体做匀速圆周运动的瞬时速度。线速度是矢量，不仅有大小，而且有方向，线速度的方向就在圆周该点的切线方向上（见图 3-7）。

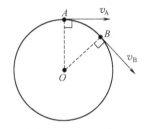

图 3-7　线速度的方向

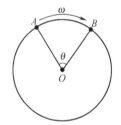

图 3-8　角速度的描述

在匀速圆周运动中，物体在各个时刻的线速度大小都相同，并由式（3-10）确定。而线速度的方向是在不断变化的，因此，匀速圆周运动是一种变速运动。这里的"匀速"是指速度的大小不变即速率不变的意思。

匀速圆周运动的快慢也可以用**角速度**来描述。物体在圆周上运动得越快，连接运动物体和圆心的半径在同样的时间内转动的角度就越大。所以，匀速圆周运动的快慢也可以用半径转过的角度与所用时间的比值来描述（见图 3-8）。这个比值称为匀速圆周运动的角速度，以符号 ω 表示。

$$\omega = \frac{\theta}{t} \tag{3-11}$$

由式（3-11）可知，对某一确定的匀速圆周运动来说，角速度 ω 是恒定不变的。

角速度的单位由角度和时间的单位决定。在 SI 中，角速度的单位是弧度/秒，符号是 rad/s。

每隔一段相等的时间就重复一次的运动，称为**周期性运动**，匀速圆周运动是一种典型的周期性运动。从四季和昼夜的周而复始、心跳和呼吸的节律，到交通工具闪烁灯的明灭交替和钟表的"滴答、滴答"声，都可以体会到周期性运动与人类生活的密切关系。

三、周期　频率

质点沿圆周运动一周所需的时间，称为**周期**。通常用符号 T 表示。在 SI 中，周期的单位是秒，符号是 s。例如，钟表上秒针的周期是 60s，分针的周期是 3600s。周期越大，表示运动越慢，所以周期是描述周期性运动快慢的物理量之一。

单位时间内沿圆周运动的周数称为**频率**。通常用符号 f 表示。在 SI 中，频率的单位是赫兹，符号是 Hz，$1Hz=1s^{-1}$。频率也是描述周期性运动快慢的物理量，周期与频率的关系如下。

$$f=\frac{1}{T} \quad \text{或} \quad T=\frac{1}{f} \tag{3-12}$$

在工程技术上，常用 n 表示物体的转速，即一分钟转的圈数，单位是转/分，符号是 r/min。n 和 f 的关系如下。

$$n=60f \quad \text{或} \quad f=\frac{n}{60} \tag{3-13}$$

线速度、角速度、周期和频率都可以用来描述匀速圆周运动的快慢，它们之间的关系是怎样的呢？

设物体以 R 为半径做匀速圆周运动，那么它在一个周期 T 内转过的弧长为 $2\pi R$，转过的角度为 2π，所以线速度和角速度分别为

$$v=\frac{2\pi R}{T}=2\pi Rf \tag{3-14}$$

$$\omega=\frac{2\pi}{T}=2\pi f \tag{3-15}$$

由上述两式可得

$$v=R\omega \tag{3-16}$$

式（3-16）表明：在匀速圆周运动中，线速度的大小等于角速度与半径的乘积。

四、向心力

下面先来分析做匀速圆周运动的物体所受的合外力的方向。

如图 3-9 所示，用一条细绳拴着一个小球，让它在光滑水平桌面上做匀速圆周运动。小球受到的重力 G 与桌面的支持力 N，这是一对平衡力，小球还受到绳对它的拉力 F 的作用，这个拉力的方向虽然不断变化，但总是沿半径指向圆心，维持小球做圆周运动。

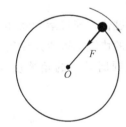

图 3-9　向心力

如果用一条细绳拴着小球，捏住绳子的上端，使小球在水平面内做匀速圆周运动，细绳沿圆锥面旋转，这样就成了一个圆锥摆。小球受到重力和绳子拉力的作用，使小球只在同一个水平面内运动，所以重力和拉力的合力一定在水平面内。由平行四边形法则可知两个力的合力方向也是指向圆心的，这个指向圆心的合力使小球做圆周运动。

可见，做匀速圆周运动的物体不管受到几个力的作用，它所受的合力始终沿半径指向圆心，这个沿半径指向圆心的力称为**向心力**。

向心力方向指向圆心，而物体沿圆周运动的速度方向沿切线方向，所以向心力的方向始终与物体运动的方向垂直。物体在运动方向上不受力，在这个方向上就没有加速度，速度大小就不会改变，所以**向心力的作用只是改变速度的方向**。

以前学过的重力、弹力、摩擦力或者它们的合力等，都可以作为向心力。向心力是根据作用效果而命名的。向心力的大小与哪些因素有关呢？实验表明：向心力的大小与物体的质

量 m、圆周半径 R 和角速度 ω 都有关系。可以证明，匀速圆周运动所需的向心力大小为

$$F = mR\omega^2 \tag{3-17}$$

在许多情况下，需要知道线速度的大小与向心力的关系。这个关系可以用线速度与角速度的关系求出。将 $\omega = \dfrac{v}{R}$ 代入式(3-17)，得

$$F = m\frac{v^2}{R} \tag{3-18}$$

五、向心加速度

做匀速圆周运动的物体，在向心力的作用下，必然产生一个加速度，根据牛顿第二定律，这个加速度的方向与向心力的方向相同，总是指向圆心，称为**向心加速度**。

根据牛顿第二定律 $F = ma$，及式(3-17) 和式(3-18)，可得向心加速度 a 的大小。

$$a = R\omega^2 \tag{3-19}$$

或

$$a = \frac{v^2}{R} \tag{3-20}$$

对于某个确定的匀速圆周运动来说，m 以及 R、v、ω 都是不变的，所以向心力和向心加速度的大小不变，但向心力和向心加速度的方向却在时刻改变。匀速圆周运动是一种在变力作用下的曲线运动，是**非匀变速运动**。

【例题】 在各种公路上拱形桥是常见的。质量为 m 的汽车在拱桥上前进，到达桥的最高点时速度为 v，桥面的圆弧半径为 R，求汽车通过桥的最高点时对桥面的压力。

已知 m，v，R。

求 N'。

解 选汽车作为研究对象（见图 3-10），当汽车经过桥的最高点时，汽车在竖直方向受两个力作用：重力 G 和桥面的支持力 N，它们的合力提供汽车做圆弧运动所需的向心力 F，即

$$F = G - N$$

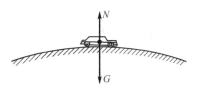

图 3-10　拱桥上的汽车的受力分析

由 $F = m\dfrac{v^2}{R}$ 可得

$$G - N = m\frac{v^2}{R}$$

所以

$$N = G - m\frac{v^2}{R} = mg - m\frac{v^2}{R}$$

汽车对桥的压力 N' 与桥对汽车的支持力 N 是一对作用力和反作用力。由牛顿第三定律可知，两者大小相等，方向相反。即

$$N' = -N = -\left(mg - m\frac{v^2}{R}\right)$$

答：汽车通过桥的最高点时对桥的压力大小为 $mg - m\dfrac{v^2}{R}$，方向竖直向下。

习题 3-8

3-8-1 一个质量为 3.0kg 的物体在半径为 2.0m 的圆周上以 4.0m/s 的速度做匀速圆周运动，向心加速度是多大？所需向心力是多大？

3-8-2 从 $a = R\omega^2$ 看，好像 a 与 R 成正比；从 $a = \dfrac{v^2}{R}$ 看，好像 a 与 R 成反比。如果有人问你"向心加速度的大小与半径成正比还是成反比？"，应该怎样回答？

3-8-3 质量为 800kg 的小汽车驶过一个半径为 50m 的圆形拱桥，到达桥顶时的速度为 5m/s，求此时汽车对桥的压力。

*第九节 离 心 运 动

学习目标

了解离心现象及其应用。

一、离心运动的定义

做圆周运动的物体，由于本身的惯性，总有沿圆周切线方向飞出去的倾向，它之所以没有飞出去，是因为向心力持续地把物体拉到圆周上来，使物体同圆心的距离保持不变。一旦向心力突然消失，例如细绳突然断了，物体即沿切线方向飞出，离圆心越来越远。

除了向心力突然消失这种情况外，在合力 F 不足以提供物体做圆周运动所需的向心力时，物体也会逐渐远离圆心。这时物体虽然不会沿切线方向飞出去，但合力不足以把它拉到圆周上来，物体就像图 3-11 所示的那样，沿着切线和圆周之间的某条曲线运动，离圆心越来越远。

做匀速圆周运动的物体，在所受合力突然消失或者不足以提供圆周运动所需的向心力的情况下，就做逐渐远离圆心的运动。这种运动叫做**离心运动**。

二、离心运动的应用和防止

离心运动有很多应用，离心干燥器（见图 3-12）就是利用离心运动将附着在物体上的水分甩掉的装置，在纺织厂里用来使棉纱、毛线或纺织品干燥。把湿物体放在离心干燥器的金属网笼里，网笼转得比较慢时，水滴与物体的附着力足以提供所需的向心力，使水滴做圆周运动，当网笼转得比较快时，附着力不足以提供所需的向心力，于是水滴做离心运动，穿过网孔，飞到网笼外面。洗衣机的脱水筒（见图 3-13）也是利用离心运动把湿衣服甩干的。

在体温计盛放水银的玻璃泡上方，有一段非常细的缩口，测过体温后，升到缩口上方的水银柱因受缩口的阻力不能自动缩回玻璃泡中，用力一甩就可以把水银甩回玻璃泡内。

在水平公路上行驶的汽车，转弯时所需的向心力是由车轮与路面的静摩擦力提供的。如果转弯时速度过大，汽车受到的最大静摩擦力小于所需的向心力，汽车将做离心运动而造成交通事故。因此，在公路弯道处，车辆行驶不允许超过规定的速度。

高速转动的砂轮、飞轮等，均不得超过允许的最大转速，如果转速过高，砂轮、飞轮内部分子间的相互作用力不足以提供所需的向心力时，离心运动会使它们破裂，甚至酿成事故。

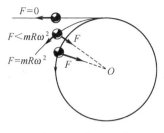

图 3-11　离心运动

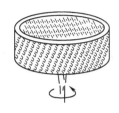

图 3-12　离心干燥器

图 3-13　洗衣机的脱水筒

第十节　万有引力定律

学习目标

1. 掌握万有引力定律。

2. 了解有关人造地球卫星的知识，理解宇宙速度，并会推导第一宇宙速度。

人类曾经长期错误地认为地球是宇宙的中心，日、月、星辰都是围绕着地球旋转的，直到 1542 年波兰科学家哥白尼提出行星是围绕太阳旋转的，1609 年德国天文学家开普勒通过观测证实了哥白尼的学说。在长期的生产实践中，人们终于认识到，行星绕太阳运行的轨道与圆轨道近似，可以认为行星是以太阳为圆心做匀速圆周运动。

行星做匀速圆周运动的向心力是由什么力来提供的呢？

一、万有引力定律的表述

牛顿在前人研究的基础上，凭借他超凡的数学能力证明了：如果太阳和行星间的引力与距离的二次方成反比，则行星的轨迹是椭圆，并且在 1678 年发表了**万有引力定律**。

自然界中任何两个物体都是相互吸引的，引力的大小与这两个物体的质量的乘积成正比，与它们的距离的二次方成反比。

如果用 m_1 和 m_2 表示两个物体的质量，用 r 表示它们之间的距离，用 F 表示它们相互间的引力，那么万有引力定律可以表示为

$$F = G\frac{m_1 m_2}{r^2} \tag{3-21}$$

式中，G 为万有引力恒量。如果质量的单位是 kg，距离的单位是 m，力的单位以 N 表示，则测定的 G 值为 6.67×10^{-11} N·m²/kg²。

根据万有引力定律，两个质量都是 1kg 的物体相距 1m 时的相互作用力仅为 6.67×10^{-11} N。通常，地面上两个物体之间的万有引力是微不足道的，在分析问题时可不予考虑。但是，在天体之间，天体的质量特别巨大，万有引力起着决定性的作用。

万有引力定律的发现是 17 世纪自然科学最伟大的成就。它把地球上的物体与天体之间运动的规律统一起来，第一次揭示了自然界中一种基本相互作用的规律。万有引力定律的发现，在人类文化发展史上也有重要的意义。它破除了人们对天体运动的神秘感，表明了人类有智慧、有能力揭示天体运动的规律，对科学文化的发展起到了极大的推动作用。

【例题】 已知月球绕地球的旋转周期 $T=2.36\times10^6\,\mathrm{s}$，月球与地球间的平均距离 $R=3.84\times10^8\,\mathrm{m}$。试估算地球的质量 M。

已知 $T=2.36\times10^6\,\mathrm{s}$，$R=3.84\times10^8\,\mathrm{m}$。

求 M。

解 地球对月球的万有引力提供月球绕地球旋转所需要的向心力，由万有引力定律和向心力公式得

$$G\frac{Mm}{R^2}=\frac{mR4\pi^2}{T^2}$$

所以
$$M=\frac{4\pi^2R^3}{GT^2}$$

$$=\frac{4\times3.14^2\times(3.84\times10^8)^3}{6.67\times10^{-11}\times(2.36\times10^6)^2}$$

$$=6.01\times10^{24}\,(\mathrm{kg})$$

答：地球的质量为 $6.01\times10^{24}\,\mathrm{kg}$。

二、人造地球卫星

地球对周围的物体有引力的作用，因而抛出的物体要落回地面。但是，抛出的初速度越大，物体就会飞得越远。牛顿在思考万有引力定律时就曾设想过，从高山上用不同的水平速度抛出物体，速度一次比一次大，落地点也就一次比一次离山脚远。如果没有空气阻力，当速度足够大时，物体就永远不会落到地面上来，它将围绕地球旋转，成为一颗绕地球运动的人造地球卫星，简称人造卫星。

如图 3-14 所示是牛顿著作中所绘的一幅人造卫星的原理图。

人造地球卫星绕地球转动时的速度究竟有多大呢？

下面来计算一下人造卫星沿圆形轨道绕地球运动时的速度。设卫星和地球的质量分别为 m 和 M，卫星距地心的距离为 r，卫星运动的速度为 v。由于卫星运动所需的向心力是由万有引力提供的，所以

$$G\frac{Mm}{r^2}=m\frac{v^2}{r}$$

由此解出

$$v=\sqrt{\frac{GM}{r}}$$

由上式可知，卫星距地心越远，它运行的速度越慢。虽然距地面高的卫星运行速度较靠近地面的卫星运行速度要小，但是向高轨道发射卫星却比向低轨道发射卫星要困难，因为高轨道发射卫星，火箭要克服地球对它的引力做更多的功。

对于靠近地面运行的人造卫星，可以认为此时的 r 近似等于地球的半径 R。地球半径 R 和地球质量 M 的公认值分别为 $R=6.37\times10^6\,\mathrm{m}$，$M=5.98\times10^{24}\,\mathrm{kg}$。在上式中把 r 用地球的半径 R 代入，可以求出

$$v=\sqrt{\frac{GM}{R}}=\sqrt{\frac{6.67\times10^{-11}\times5.98\times10^{24}}{6.37\times10^6}}$$

$$\approx7.9\times10^3\,(\mathrm{m/s})=7.9\,(\mathrm{km/s})$$

$7.9\,\mathrm{km/s}$ 就是人造卫星在地面附近绕地球做匀速圆周运动所必须具有的速度，称为第

一宇宙速度，又称为环绕速度。

如果人造卫星进入地面附近的轨道速度大于 7.9km/s，而小于 11.2km/s，它绕地球运动的轨迹不是圆形，而是椭圆（见图 3-15）。当物体的速度等于或大于 11.2km/s 时，卫星就会脱离地球的引力，不再绕地球运行。我们把这个速度称为**第二宇宙速度**，又称为逃逸速度。

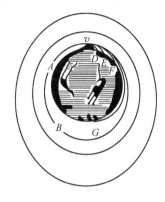

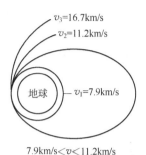

图 3-14　牛顿绘制的人造卫星原理图　　　　图 3-15　人造卫星的轨道

达到第二宇宙速度的物体还受到太阳的引力。要使物体挣脱太阳引力的束缚，飞到太阳系以外的宇宙空间去，必须使它的速度等于或者大于 16.7km/s，这个速度称为**第三宇宙速度**。

1957 年 10 月 4 日，前苏联将第一颗人造地球卫星成功地送上了太空轨道，开创了空间科学的新纪元。随后，1958 年 1 月 31 日，美国也成功地发射了一颗人造卫星。1970 年 4 月 24 日我国首次发射了"东方红 1 号"人造卫星。迄今为止我国已向太空发射了 46 颗各种用途的人造卫星和 5 艘"神舟"号飞船。2003 年 10 月 15 日我国"神舟 5 号"载人航天飞船成功发射和 10 月 16 日的成功返回，2005 年 10 月 12 日我国"神舟 6 号"载人飞船顺利升空和 10 月 17 日安全着陆，都标志着我国现代航天技术已经走在了世界前列。

习题 3-10

3-10-1　既然任何物体间都存在引力，为什么当两个人接近时他们不吸在一起？

3-10-2　两艘轮船，质量分别是 5.0×10^7kg 和 1.0×10^8kg，相距 10km，求它们之间的引力，将这个力与它们所受的重力相比较，看看相差多少倍。

3-10-3　已知在轨道上运转的某一人造地球卫星，运转周期为 5.6×10^3s，轨道半径为 6.8×10^3km。试估算地球的质量。

3-10-4　海王星的质量是地球的 17 倍，它的半径是地球的 4 倍。绕海王星表面做圆周运动的宇宙飞船，其运动速度有多大？

相关链接

黑　洞

黑洞是近代引力理论所预言的一种特殊的天体，可利用前面学过的知识加以说明。理论计算表明，人造卫星脱离地球的速度等于其第一宇宙速度的 $\sqrt{2}$ 倍，即 $v = \sqrt{\dfrac{2GM}{R}}$。由此可知，天体的质量越大，半径越小，其表面的物体就越不容易脱离它的束缚。质量与太阳相近，而半径与地球差不多的白矮星，其脱离速度为 $6.5\times10^3\,\mathrm{km/s}$；质量与太阳相近，半径只有 10km 左右的中子星，其脱离速度竟达 $1.6\times10^5\,\mathrm{km/s}$。

设想，如果某天体的质量非常大、半径非常小，则其脱离速度有可能超过光速。爱因斯坦相对论指出，任何物体的速度都不可能超过光速。由此可推断，对这种天体来说，任何物体都不能脱离它的束缚，甚至连光也不能射出。这种天体就是我们常听到的黑洞。

黑洞是否确实存在不仅对理论物理非常重要，对天体物理、宇宙学等都非常重要。于1990 年发射升空的哈勃太空望远镜几年来的观测结果支持黑洞理论。1997 年 2 月更换过设备的哈勃望远镜已发回许多更清晰、详细的观测资料，供科学家研究。

本章小结

一、牛顿第一定律
一切物体总保持静止状态或做匀速直线运动状态，直到有外力迫使它改变这种状态为止。
物体保持静止或匀速直线运动状态的性质称为惯性。

二、牛顿第二定律
当物体受到外力作用时，物体就要获得加速度。加速度与作用在物体上外力的合力成正比，与物体的质量成反比。加速度的方向跟外力的合力方向相同。
牛顿第二定律的数学表达式为

$$F_合 = ma$$

由牛顿第二定律可知，力是物体获得加速度的原因。

三、牛顿第三定律
两个物体之间的作用力与反作用力总是大小相等，方向相反，沿同一直线，分别作用在两个物体上。其表达式为

$$F = -F'$$

四、牛顿运动定律的应用
应用牛顿运动定律解题时，要综合应用三个定律。解题的一般步骤是：认真审题，明确题意；隔离物体，分析受力（画出受力图）；分析运动，列出方程；统一单位，正确运算。

*五、牛顿运动定律的适用范围
牛顿运动定律是有局限性的，它适用于低速运动的宏观物体。

*六、动量　冲量　动量定理
1. 动量
物体的质量和它的速度的乘积称为物体的动量。即

$$P = mv$$

2. 冲量
力和它的作用时间的乘积称为力的冲量。即

$$I = Ft$$

3. 动量定理
动量定理的内容是物体受到的合外力的冲量，等于物体在这段时间内动量的增量。其表达式为

$$Ft = mv_t - mv_0$$

*七、动量守恒定律
动量守恒定律是针对系统而言的，在系统不受外力作用或所受的外力的合力为零的情况下，系统作用前后总动量保持不变。其表达式为

$$m_1 v_{10} + m_2 v_{20} = m_1 v_1 + m_2 v_2$$

利用动量守恒定律处理问题时，应先规定正方向，与正方向相同的速度取正，反之取负。

八、匀速圆周运动

1. 线速度

$$v = \frac{s}{t} = \frac{2\pi R}{T}$$

2. 角速度

$$\omega = \frac{\theta}{t} = \frac{2\pi}{T}$$

3. 周期 频率

$$T = \frac{1}{f}$$

4. 向心力 向心加速度

$$F = m\frac{v^2}{R} = mR\omega^2 \qquad\qquad a = \frac{v^2}{R} = R\omega^2$$

九、万有引力定律

自然界中任何两个物体间都有引力存在。引力大小与两物体质量的乘积成正比,与两物体间距离的平方成反比。其表达式为

$$F = G\frac{m_1 m_2}{r^2}$$

复 习 题

一、判断题

1. 力是维持物体运动的原因。（ ）
2. 任何物体都有惯性。（ ）
3. 作用力和反作用力大小相等,方向相反,可以互相抵消。（ ）
* 4. 物体所受的合外力的冲量为零,它的速度一定不发生变化。（ ）
5. 匀速圆周运动是变速运动。（ ）
6. 地球对月球的万有引力大于月球对地球的万有引力。（ ）

二、选择题

1. 关于惯性的大小,下面说法中正确的是（ ）
A. 两个质量相同的物体,在阻力相等的情况下,速度大的不容易停下来,所以速度大的物体惯性大
B. 两个质量相同的物体,不论速度大小,惯性一定相同
C. 推动地面上的静止的物体,要比维持这个物体做匀速运动所需的力大,所以物体静止时的惯性大
D. 在月球上举重比在地球上容易,所以质量相同的物体在月球上比在地球上惯性小
2. 关于运动和力的关系,下面说法中正确的是（ ）
A. 物体在恒力作用下,运动状态不变
B. 物体受到不为零的合力作用时,运动状态发生变化
C. 物体受到合力为零时,一定处于静止状态
D. 物体的运动方向与其所受合力的方向相同
3. 一只茶杯静止在水平桌面上,则（ ）
A. 它所受的重力与桌面的支持力是作用力和反作用力
B. 它所受的重力与桌面的支持力是一对平衡力
C. 它所受的重力与它对地面的压力是作用力与反作用力
D. 它所受的重力与它对地球的吸引力是一对平衡力
4. 汽车拉着拖车前进,汽车对拖车的作用力为 F_1,拖车对汽车的作用力为 F_2。则 F_1 和 F_2 的大小的关系是（ ）
A. $F_1 > F_2$ B. $F_1 < F_2$ C. $F_1 = F_2$ D. 无法确定
* 5. 从同一高度自由落下的玻璃杯,掉在水泥地上易碎,而掉在软泥地上却不易碎。这是因为
（ ）

A. 掉在水泥地上，玻璃杯的动量大

B. 掉在水泥地上，玻璃杯的动量变化大

C. 掉在水泥地上，玻璃杯受到的冲量大

D. 掉在水泥地上，玻璃杯受到的冲量和掉在软泥地上一样大，但与水泥地作用时间短，因而受到水泥地的作用力大

*6. 一辆平板车静止在光滑的水平面上，车上原来静止的一人开始用锤敲击车的左端。在锤的连续敲打下，这辆平板车会做下面的哪个运动？（　　　）

A. 左右振动　　　B. 向左运动　　　C. 向右运动　　　D. 保持静止

7. 在匀速圆周运动中，下列物理量中不变的是（　　　）

A. 线速度　　　B. 角速度　　　C. 向心力　　　D. 向心加速度

三、填空题

1. 质量为 8×10^3 kg 的汽车，以 1.5m/s² 的加速度做匀加速直线运动，若所受阻力为 2.5×10^3 N，则汽车的牵引力是_____ N。

2. 一辆汽车质量为 10^3 kg，刹车速度为 15m/s，刹车过程中所受阻力为 6×10^3 N，则汽车经过_____ s 才能停下来。

3. 甲乙两物体质量之比为 1：2，所受合外力之比为 1：2，从静止开始发生相同位移所用的时间之比是_____。

*4. 质量为 50kg 的运动员，正以 10m/s 的速度向西奔跑。此时该运动员的动量大小为_____，方向_____。

*5. 质量为 m 的乒乓球，以水平速度 v 飞向墙壁，与墙碰撞后以相同的水平速率被反向弹回。选初速度方向为正方向，则乒乓球受到的冲量为_____。

6. 一辆汽车质量为 m，经过半径为 R 的凸形桥最高点时的速率为 v，此时它对桥的压力为_____ N。

四、计算题

1. 飞机在平直跑道上匀加速滑行了 1.0km，达到起飞速度 80m/s。若已知飞机的质量为 5.0t，不计摩擦阻力，则飞机的加速时间和牵引力各是多少？

2. 交通民警在处理交通事故时，常常测量汽车在路面上的擦痕，以此断定汽车刹车速度大小。若已知一辆卡车质量为 3.0t，轮胎与公路的动摩擦因数为 0.90，刹车擦痕长为 8.0m，求卡车刹车时的最小速度。（g 取 10m/s²）

*3. 一个以 50m/s 的速度在空中飞行的手榴弹炸裂成两块后，其中质量 600g 的一块弹片仍沿原来的方向飞行，速度为 200m/s，求另一块质量为 400g 的弹片飞行的速度。（不计重力的影响及炸药的质量）

自测题

一、判断题

1. 保持静止的物体一定不受外力的作用。（　　　）

2. 物体只有静止时才有惯性。（　　　）

3. 力是产生加速度的原因。（　　　）

4. 作用力与反作用力必定是性质相同的力。（　　　）

5. 挂在绳子下端的物体保持静止状态，是因为绳拉物体的力跟物体拉绳的力大小相等，方向相反。（　　　）

6. 由 $m = \dfrac{F}{a}$ 知，物体的质量与物体所受的外力成正比，与物体的加速度成反比。（　　　）

*7. 受到合外力冲量的作用是物体动量发生变化的原因。（　　　）

*8. 在光滑水平面上运动的两球，发生碰撞后均变为静止，这是因为碰撞前两球的动量大小相等方向相反。（　　　）

9. 做匀速圆周运动的物体角速度不变。（　　　）

10. 做匀速圆周运动的物体所受的向心力是一个恒力。（　　　）

二、选择题

1. 当我们用较小的力去推很重的放在地面上的箱子时，却推不动，这是因为 （　　　）

A. 推力小于静摩擦力

B. 箱子有加速度，只是太小，不易被觉察

C. 推力小于箱子的重力

D. 箱子所受的合力为零

2. 在牛顿第二定律公式 $F = kma$ 中，k 的数值 （　　　）

A. 由 F、m、a 的单位决定

B. 由 F、m、a 的大小决定

C. 在任何情况下都等于 1

D. 与 F、m、a 的大小和单位都无关

3. 关于加速度的方向，下列说法中正确的是 （　　　）

A. 加速度的方向与动力方向相同

B. 加速度的方向与阻力方向相同

C. 加速度的方向与合力方向相同

D. 加速度的方向与速度方向相同

4. 在水平地面上用力 F 拉一个物体匀速前进，若物体受的摩擦力为 f，则 f 的反作用力是 （　　　）

A. 拉力　　　　　　　　　　B. 地面受的摩擦力

C. 地面对物体的支持力　　　D. 物体的重力

* 5. 两个物体的动量相同，那么它们的 （　　　）

A. 速度相同　　　　B. 质量相同　　　　C. 加速度相同　　　　D. 运动方向相同

* 6. 一个质量为 8.0kg 的铁球，受到 40N·s 的冲量作用，则铁球动量的增量为 （　　　）

A. 5.0kg·m/s　　　　B. 8.0kg·m/s　　　　C. 40kg·m/s　　　　D. 320kg·m/s

* 7. 原来静止的小船上，有两人在船上相向而行，要使船仍能保持静止，则 （　　　）

A. 两人的动量大小相等　　　　B. 两人的动量相等

C. 两人的质量相等　　　　　　D. 两人的速率相等

8. 匀速圆周运动是 （　　　）

A. 速度不变的匀速运动　　　　B. 加速度不变的匀变速运动

C. 加速度不断变化的非匀变速运动　　　D. 都不正确

9. 做匀速圆周运动的物体 （　　　）

A. 所受外力的合力为零

B. 所受外力的合力不为零，其方向始终跟速度方向垂直

C. 除可能受重力、弹力、摩擦力外，还必受向心力的作用

D. 一定只受一个恒力作用

10. 地球的质量是月球质量的 81 倍，若地球对月球的引力为 F，则月球对地球引力的大小为 （　　　）

A. $F/81$　　　　B. F　　　　C. $81F$　　　　D. $F/9$

三、填空题

1. 物体保持_____状态的性质称为_____。牛顿第一定律又叫_____定律。

2. 在国际单位制中，位移的单位是_____，时间的单位是_____，质量的单位是_____，速度的单位是_____，加速度的单位是_____，力的单位是_____。

3. 一个质量为 2kg 的物体，受到一个大小为 10N，方向水平向右的恒力作用而运动，它获得的加速度方向_____，大小是_____。

* 4. 用 10N 的力推动一个物体，力的作用时间是 0.5s，则力的冲量是_____N·s。

* 5. 质量为 m 的网球，以速度 v 运动，被木棒击中后又以原速率 v 反向弹回，则网球受到的冲量大小为_____。

* 6. 两个在光滑水平面上做相向运动的物体，碰撞后变为静止，则两物体在碰撞前的总动量为_____。

7. 钟表上分针端点的周期为_____s。

四、计算题

1. 一个静止在水平地面上的物体，质量 $m = 20$kg。现用一个大小为 $F = 60$N 的水平推力使物体做匀加速直线运动，当物体运动的位移 $s = 9.0$m 时，它的速度达到 $v = 6.0$m/s。求

（1）物体的加速度大小；

（2）物体与地面间的摩擦力；

（3）物体与地面间的动摩擦因数。（g 取 $10m/s^2$）

2. 一滑雪运动员，从静止开始沿倾角为 30°的斜坡匀加速滑下，滑雪板与雪地间的动摩擦因数是 0.040，求 5s 内滑下的路程。（g 取 $10m/s^2$）

3. 做匀速圆周运动的物体，其角速度为 6rad/s，线速度为 3m/s，则运动半径为多少？运动周期为多少？

* 4. 一列货车质量为 $3.0×10^5$ kg，以 2.0m/s 的速度行驶在水平轨道上，与另一辆 $1.0×10^5$ kg 的静止车厢碰撞后，两车挂接在一起。求两车挂接后的速度。

第四章 功 和 能

第三章研究的牛顿运动定律，是动力学的一部分。本章要学习动力学的另一部分内容，它仍将以牛顿运动定律为基础，引入功和能的概念，其后着重讨论动能定理和机械能守恒定律。

功和能是物理学中的两个重要概念，它们对于物理学和其他科学技术有很重要的意义，是我们学习和掌握科学知识的基础。

第一节 功

学习目标

1. 掌握功的概念，并能利用公式进行简单计算。
2. 理解正功和负功的意义。

一、功的概念

把火箭送入高空、将木桩打入地下、拖拉机拖车前进，都是物体受到力的作用，且在力的方向上发生了一段位移，这时就说这个力对物体做了功。它是人们在长期的实践中逐渐形成的概念。如果物体在力的作用下没有位移，或者物体在力的方向上没有位移，这个力对物体就没有做功。例如，一个人拿着重物静止不动，他对物体没有做功，因为物体在力的方向上没有位移。又如，在水平面上移动的物体，重力对它没有做功，因为物体在重力的方向上没有位移。当然，物体不受力作用（由于物体的惯性）而有一定的位移时，同样没有做功，因为无力的作用。可见，力和物体在力的方向上发生的位移，是做功的两个缺一不可的因素。物理学中定义：**力和物体在力的方向上的位移的乘积，称为力对物体做的功。**

当作用在物体上的力与物体位移的方向相同时，如图 4-1 所示，由功的定义可知，该力对物体做的功为

$$W = Fs$$

式中，F、s 分别是力和位移的大小；W 是力对物体做的功。

一般情况下，作用在物体上的力 F 与物体的位移 s 之间有一定的夹角 α。在这种情况下，把力 F 分解为图 4-2 所示的两个相互垂直的分力 F_1 和 F_2，F_1 与位移 s 方向一致，F_2 与位移 s 方向垂直，不做功。所以，力 F 对物体做的功为

$$W = F_1 s$$

因 $F_1 = F\cos\alpha$，所以，一般情况下，功的定义为

$$W = Fs\cos\alpha \tag{4-1}$$

式中，F、s 是力和位移的大小；α 是力的方向与位移方向之间的夹角。也就是说，力

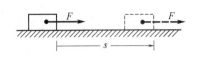

图 4-1　力与位移同向

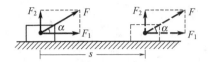

图 4-2　力与位移间有一夹角 α

对物体所做的功，等于力的大小、位移的大小、力的方向与位移方向夹角余弦的乘积。

功只有大小没有方向，所以是标量。

功的单位是由力的单位和位移的单位决定的。在 SI 中，功的单位是焦耳，简称焦，符号是 J。1J 等于 1N 的力使物体在力的方向发生 1m 的位移时所做的功，即

$$1J=1N\times1m=1N\cdot m$$

二、正功和负功

功的数值不仅与力、位移的大小有关，还与力和位移间的夹角有关。下面讨论几种情况。

① 当 $\alpha<90°$ 时，$\cos\alpha>0$，则 W 为正值，即力对物体做正功。如图 4-3 所示，此时，力为动力。

② 当 $\alpha=90°$ 时，$\cos\alpha=0$，则 $W=0$，表示力对物体不做功或做零功。

③ 当 $\alpha>90°$ 时，$\cos\alpha<0$，则 W 为负值，表示力对物体做负功，如图 4-4 所示，此时，力为阻力，对物体的前进起阻碍作用。

图 4-3　α 为锐角　　　　　　　　　　　　图 4-4　α 为钝角

某力对物体做负功，往往说成"物体克服某力做功"（取绝对值）。这两种说法的意义是等同的。例如，物体竖直上升时，重力对物体做负功，也可以说成"物体克服重力做功"；当摩擦力对物体做负功时，也可以说成是"物体克服摩擦力做功"。

应当指出，如果作用在物体上的不只是一个力，而是几个力，那么，求合力所做的功时，α 是合力方向与位移方向之间的夹角。可以证明，**合力对物体所做的功等于各分力对物体所做功的代数和。**

【例题】　如图 4-5 所示，用 40N 的沿斜面向上的拉力 F，把质量为 3.0kg 的物体，由斜面底端 A 拉至 B 端。已知物体与斜面间的动摩擦因数为 0.10，斜面的倾角为 30°，斜面斜边长度为 2.0m，求各个力对物体做的功和合力所做的功。

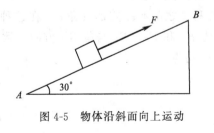

图 4-5　物体沿斜面向上运动

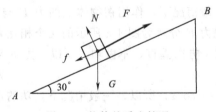

图 4-6　物体的受力情况

已知 $F=40$N，$m=3.0$kg，$\mu=0.10$，$\alpha=30°$，$s=2.0$m。

求 W_F，W_G，W_N，W_f，$W_合$。

解　物体的受力情况如图 4-6 所示，由功的公式 $W=Fs\cos\alpha$ 得

$$W_F=Fs=40\times2.0=80 \ (\text{J})$$

$$W_G=Gs\cos(90°+30°)=-mgs\sin30°=-3.0\times9.8\times2.0\times\frac{1}{2}=-29.4 \ (\text{J})$$

$$W_N=Ns\cos90°=0$$

$$W_f=fs\cos180°=-fs=-\mu mg\cos30°s=-0.10\times3.0\times9.8\times\frac{\sqrt{3}}{2}\times2.0=-5.1 \ (\text{J})$$

因为合力对物体做的功等于各分力对物体做功的代数和，所以

$$W_合=W_F+W_G+W_N+W_f=80+(-29.4)+(-5.1)=45.5 \ (\text{J})$$

答：拉力、重力、支持力、摩擦力和合力对物体做的功分别是 80J、-29.4J、0、-5.1J 和 45.5J。

习题 4-1

4-1-1　如习题 4-1-1 图所示，在炼铁高炉的送料斜道上，一卷扬机将装满炉料的料斗车沿倾斜的轨道从底端进料坑拉上炉顶。试分析料斗车所受的各个作用力，这些力有没有对料斗车做功？是做正功还是做负功？

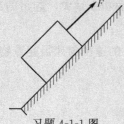

习题 4-1-1 图

4-1-2　马拉着质量为 200kg 的雪橇在水平冰道上匀速前进，雪橇与冰道之间的动摩擦因数为 0.035。求雪橇前进 500m 时，马对雪橇做的功和摩擦力对雪橇做的功。

4-1-3　一个物体重 1×10^4N，用起重机从静止开始向上起吊，其加速度为 2m/s²。求起重机在前 5s 内所做的功（g 取 10m/s²）。

第二节　功　率

学习目标

掌握功率的概念，并能利用公式进行简单计算。

将一定量的水抽往高处，用大型水泵在较短的时间内即可完成，用小型水泵则需较长时间才能做相同的功。可见不同的物体做功的快慢不同。

为描述各种设备做功的快慢，引入了功率的概念。物理学对功率定义为：**功与完成这些功所用的时间的比值，称为功率。**用 P 表示功率，则有

$$P=\frac{W}{t} \tag{4-2}$$

功率的单位由功和时间的单位决定，在 SI 中，功率的单位为瓦特，简称瓦，符号是 W。1W＝1J/s。另外功率的常用单位还有千瓦（kW）。它们之间的换算关系

如下。

$$1kW=1\,000W$$

功率也可以用力和速度来表示。在作用力方向和位移方向相同的情况下，$\alpha=0°$，$W=Fs$，因而 $P=\dfrac{W}{t}=\dfrac{Fs}{t}$，而 $v=\dfrac{s}{t}$，所以

$$P=Fv \tag{4-3}$$

式(4-3)表明，力 F 的功率等于力 F 和物体运动速度 v 的乘积。物体做变速运动时，式中的 v 表示在时间 t 内的平均速度，P 表示力 F 在这段时间 t 内的平均功率。如果时间 t 取得足够小，则式中的 v 表示某一时刻的瞬时速度，P 就表示该时刻的瞬时功率。

从式(4-3)中可以看出，汽车、火车等交通工具，当发动机的输出功率 P 一定时，牵引力 F 和速度 v 成反比，要增大牵引力，就要减小速度。所以汽车上坡时，司机常用换挡的办法减小速度，来获得较大的牵引力。

当速度 v 保持一定时，牵引力 F 和功率 P 成正比。所以汽车上坡时，要保持速度不变，司机必须加大油门，增大输出功率，来获得较大的牵引力。

当保持牵引力 F 不变时，功率 P 和速度 v 成正比。起重机在竖直方向匀速吊起某一重物时，牵引力大小和重物的重量相等，牵引力保持不变，发动机输出的功率越大，起吊的速度就越大。

【例题】 用 1.5kW 的电动机带动一起重机，若它能以 3.0m/min 的速率匀速提起重物，求它能提起的重物的质量。（g 取 $10m/s^2$）

已知 $P=1.5kW=1.5\times10^3\,W$，$v=3.0m/min=5.0\times10^{-2}\,m/s$。

求 m。

解 由 $P=Fv$ 得

$$F=\frac{P}{v}=\frac{1.5\times10^3}{5.0\times10^{-2}}=3.0\times10^4 \ (N)$$

在匀速提起重物时，有 $G=F=3.0\times10^4\,N$

所以 $$m=\frac{G}{g}=\frac{3.0\times10^4}{10}=3.0\times10^3 \ (kg)$$

答：起重机能提起的重物的质量为 $3.0\times10^3\,kg$。

习题 4-2

4-2-1 质量为 2.0kg 的物体从距地面 45m 处自由下落，在 2.0s 的时间内，重力做了多少功？在这段时间内重力做功的平均功率是多少？在 2s 末重力做功的瞬时功率是多少？（g 取 $10m/s^2$）

4-2-2 一台电动机的功率是 10kW，用这台电动机匀速提升质量为 $2.0\times10^4\,kg$ 的货物，提升的速度是多大？（g 取 $10m/s^2$）

4-2-3 一台抽水机每秒能把 30kg 的水抽到 10m 高的水塔上，不计额外功的损失，这台抽水机的输出功率是多大？如果保持这一输出功率，半小时能做多少功？（g 取 $10m/s^2$）

第三节　动能　动能定理

学习目标

1. 理解动能的概念。

2. 掌握动能定理，会用它解决具体问题。

从高处下落的物体能做功。例如，气锤的锤头下落时能把锻件锻压成所需的形状，锤头对锻件做了功；运动着的榔头可将钉子钉入木板，榔头对钉子做了功。如果物体具有做功的本领，我们就说物体具有能。

物体做功的本领越大，它具有的能量就越多。在衡量物体具有多少能量时，应看它实际能做多少功。功和能的单位是相同的。

能具有各种形式。与物体机械运动有关的能量称为机械能。动能和势能都是机械能。

一、动能

物体由于运动而具有的能称为动能。

经验证明，挥动的锤子，它的质量越大，挥动得越快，那么它打击钉子时，钉子钉入木板的深度会越大，所做的功就越多。这说明铁锤做功本领大，或者说它的动能大。可见，运动物体的动能与它的质量和速度有关。

运动物体在克服阻力做功时，速度减小，它的动能也随之减小。当它的速度减小到零时，它的动能也减小到零。由此可知，运动物体原有的动能，等于它在克服阻力的过程中速度一直减小到零时所做的功。

如图 4-7 所示，质量为 m 的汽车，在速度为 v 时关闭发动机，在阻力 f 的作用下做匀减速直线运动，经位移 s 后停下来。在这个过程中，汽车克服阻力 f 所做的功，等于汽车原来（速度为 v 时）具有的动能。

由牛顿第二定律得

$$-f = ma$$

由运动学公式得

$$s = \frac{-v^2}{2a}$$

则阻力做的功

$$W_f = -fs = ma\left(-\frac{v^2}{2a}\right) = -\frac{1}{2}mv^2$$

那么汽车克服阻力做的功是 $\frac{1}{2}mv^2$，汽车原来具有的动能也就等于 $\frac{1}{2}mv^2$。

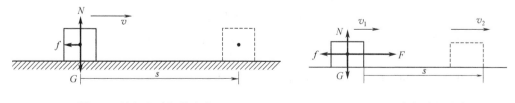

图 4-7　关闭发动机的汽车　　　　图 4-8　正常行驶的汽车

运动物体的动能，等于物体的质量和速度（速率）的二次方的乘积的一半。 动能常以字母 E_k 表示，有

$$E_k = \frac{1}{2}mv^2 \tag{4-4}$$

由式(4-4)可知，物体的动能由其质量和速率决定，与物体运动的方向无关。

动能是标量，其单位与功的单位相同。在 SI 中，动能的单位是焦耳（J）。

二、动能定理

如图 4-8 所示，质量为 m 的汽车，在水平方向的恒定的牵引力 F 和阻力 f 的作用下，经位移 s 后，速度由 v_1 变为 v_2。作用在汽车上的合外力 $F_合 = F - f$，由 $F_合 = ma$ 和 $v_2^2 - v_1^2 = 2as$ 可得合力对汽车所做的功

$$W = F_合 s = (F-f)s = ma\,\frac{v_2^2 - v_1^2}{2a} = \frac{1}{2}mv_2^2 - \frac{1}{2}mv_1^2$$

式中，$\frac{1}{2}mv_2^2$ 为汽车的末动能 E_{k2}；$\frac{1}{2}mv_1^2$ 为汽车的初动能 E_{k1}。上式可写为

$$W = E_{k2} - E_{k1} \tag{4-5}$$

式(4-5)表明，**合外力对物体所做的功，等于物体动能的增量**。这一关系称为**动能定理**。即合外力对物体做功时，其动能就要变化。

由动能定理可知：当合外力对物体做正功时，物体的动能增加；当合外力对物体做负功，即物体克服阻力对外做功时，物体动能减少。

【例题 1】 一质量为 8g 的子弹，以 800m/s 的速度飞行，一质量为 60kg 的人，以 3m/s 的速率奔跑。比较哪个的动能大？

已知 $m_1 = 8g = 8 \times 10^{-3}\,kg$，$m_2 = 60kg$，$v_1 = 800m/s$，$v_2 = 3m/s$。

求 E_{k1}，E_{k2}。

解 子弹的动能　　$E_{k1} = \frac{1}{2}m_1 v_1^2 = \frac{1}{2} \times 8 \times 10^{-3} \times 800^2 = 2.56 \times 10^3$（J）

人的动能　　$E_{k2} = \frac{1}{2}m_2 v_2^2 = \frac{1}{2} \times 60 \times 3^2 = 2.7 \times 10^2$（J）

所以　　　　　　　　　　　$E_{k1} > E_{k2}$

　　答：子弹的动能较大。

【例题 2】 质量为 800kg 的矿车，在 1000N 的水平牵引力的作用下，前进 50m 时，其速度由 5m/s 增加到 10m/s（见图 4-9）。求阻力对矿车做的功和阻力的大小。

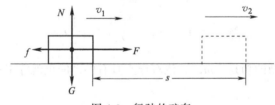

图 4-9　行驶的矿车

已知 $m = 800kg$，$s = 50m$，$F = 1000N$，$v_1 = 5m/s$，$v_2 = 10m/s$。

求 f，W_f。

解 由图 4-9 可知，$W_G = W_N = 0$，$W_F = Fs$，各力对矿车做功的代数和为

$$W_合 = W_G + W_N + W_F + W_f = W_F + W_f$$

由动能定理得

$$W_F + W_f = \frac{1}{2}mv_2^2 - \frac{1}{2}mv_1^2$$

所以
$$W_f = \frac{1}{2}mv_2^2 - \frac{1}{2}mv_1^2 - W_F$$
$$= \frac{1}{2}mv_2^2 - \frac{1}{2}mv_1^2 - Fs$$
$$= \frac{1}{2} \times 800 \times (10^2 - 5^2) - 1\,000 \times 50 = -2 \times 10^4 \quad (J)$$

因为
$$W_f = fs\cos 180° = -fs$$

所以
$$f = -\frac{W_f}{s} = -\frac{-2 \times 10^4}{50} = 4 \times 10^2 \quad (N)$$

答：阻力对矿车做负功，其值为 2×10^4 J，阻力的大小为 4×10^2 N。

这个例题也可以用牛顿第二定律和运动学公式来解。

动能定理是在牛顿运动定律和运动学公式的基础上推导出来的。由于动能定理不涉及物体运动过程中的加速度和时间，因此以它来解题往往比较方便。

习题 4-3

4-3-1 在动能定理的表达式 $W = E_{k2} - E_{k1}$ 中，各项代表什么意思？

4-3-2 合外力对物体做正功时，物体的动能如何变化？合外力对物体做负功时，其动能是增加还是减少？物体动能的变化量与合外力做的功之间有什么关系？

4-3-3 我国第一颗人造地球卫星的质量为 3 173kg，在近地点时的速率为 8.1km/s。求卫星这时具有的动能。

4-3-4 质量为 100g 的子弹，以 400m/s 的速率从枪口射出，设枪筒长 1m。求子弹离开枪口时的动能和它在枪筒里所受的平均推力。

4-3-5 在长为 500m 的一条平直铁轨上，一列质量为 4.0×10^2 t 的列车，速度由8m/s增加到12m/s，列车与铁轨间的动摩擦因数为 0.004。求列车牵引力所做的功。（g 取 10m/s^2）

第四节 势 能

学习目标

1. 掌握重力势能的概念和重力做功的特点，理解重力势能的变化与重力做功的关系。
2. 了解弹性势能的概念。

一、重力势能

在机械运动范围内的能量，除动能外，还有势能。势能包括重力势能和弹性势能，本节主要研究重力势能。我们知道，从高处下落的物体能够做功。例如，从高处落下的重锤，能够锻制工件；高山上的瀑布能带动发电机发电。这些都说明，位于高处的物体具有能量。我们把位于**高处的物体所具有的能称为重力势能**。

由经验知道，打桩时，锤越重，提得越高，它的做功本领就越大，具有的能就越多，可见重力势能与物体的质量和高度有关。现在来研究质量为 m 的物体，在高 h 的地方具有多

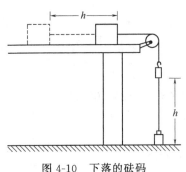

图 4-10　下落的砝码

大的重力势能。我们让它从高 h 的地方下落，看它所能做的功是多少。如图 4-10 所示，设砝码的质量为 m，距地面的高度为 h。选择一个合适的木块，使其与桌面间的摩擦恰好等于砝码的重力 mg。这样，当砝码匀速下落 h 高度时，它对木块所做的功是 mgh。这个功就等于砝码在 h 高处所具有的势能。如果用 E_p 表示势能，那么

$$E_p = mgh \qquad (4-6)$$

重力势能等于物体的重力和它距离地面高度的乘积，或者等于物体的质量、重力加速度和它距离地面高度的乘积。

重力势能也是标量，它的单位也与功的单位相同，在 SI 中，都是焦耳（J）。

由式(4-6) 可知，只要物体的高度确定，重力势能就有确定的数值。但是，高度是一相对量。所以重力势能也是一相对量，它是相对于某一参考面来说的。规定该参考面的高度为零，该面的重力势能也就为零，称为零势能面。通常选地面为零势能面。实际上，零势能面的选择是任意的，在研究问题时看方便而定。

还需说明一点，由于重力势能与重力有关，而重力是地球与物体间的相互作用力，同时又与地球与物体间的相对位置有关，所以重力势能是属于物体和地球组成的系统所共有，而不能把它看作只属于物体。平常说"物体的重力势能"，只是为了叙述的简便而省略了"系统"二字。

二、重力做功与重力势能变化的关系

重力对物体做功，使物体的重力势能变化。当物体下落时，重力对物体做正功，重力势能减少；当物体上升时，重力对物体做负功，重力势能增加。

如图 4-11 所示，设物体起点的高度为 h_1，重力势能 $E_{p1} = mgh_1$，终点高度为 h_2，重力势能 $E_{p2} = mgh_2$。物体由高度 h_1 下落到高度 h_2 的过程中，重力对物体做的功 W_G 与重力势能变化的关系可用式(4-7) 表示为

$$W_G = mg(h_1 - h_2) = mgh_1 - mgh_2$$

即

$$W_G = E_{p1} - E_{p2} \qquad (4-7)$$

由式(4-7) 可知，**重力对物体做正功（$W_G > 0$），重力势能减少；重力对物体做负功（$W_G < 0$），重力势能增加。**

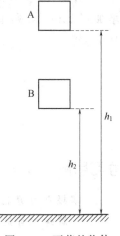

图 4-11　下落的物体

【例题 1】 质量为 5kg 的物体，在距地面 10m 高处具有多大的重力势能？当它下落至 4m 高处时，重力势能又是多少？在此过程中，重力势能减少了多少？重力对物体做了多少功？

已知 $m = 5\text{kg}$，$h_1 = 10\text{m}$，$h_2 = 4\text{m}$。

求 E_{p1}，E_{p2}，$E_{p1} - E_{p2}$，W_G。

解 选取地面为零势能面，则

$$E_{p1} = mgh_1 = 5 \times 9.8 \times 10 = 490 \text{ (J)}$$

$$E_{p2} = mgh_2 = 5 \times 9.8 \times 4 = 196 \text{ (J)}$$

$$E_{p1} - E_{p2} = 490 - 196 = 294 \text{ (J)}$$

$$W_G = mg(h_1 - h_2) = E_{p1} - E_{p2} = 294 \text{ (J)}$$

答：重物在 10m 和 4m 处的重力势能分别为 490J 和 196J。该物体在下落过程中重力势能的减少量与重力对物体所做的功相等，同为 294J。

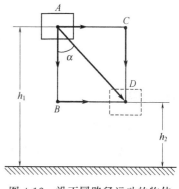

图 4-12　沿不同路径运动的物体

【例题 2】　如图 4-12 所示，已知 $AB /\!/ CD$，$AC /\!/ BD$，AD 与 AB 间的夹角为 α。试分别计算质量为 m 的物体，沿着 ABD、ACD、AD 三条不同路径，从高度为 h_1 的 A 点运动到高度为 h_2 的 D 点，重力做的功。

解　（1）$W_{ABD} = W_{AB} + W_{BD} = mgh_{AB} + mgh_{BD}$
$$= mg(h_1 - h_2) + mg(h_2 - h_2)$$
$$= mg(h_1 - h_2)$$
$$= E_{pA} - E_{pD}$$

（2）$W_{ACD} = W_{AC} + W_{CD}$
$$= mgh_{AC} + mgh_{CD}$$
$$= mg(h_1 - h_1) + mg(h_1 - h_2)$$
$$= mg(h_1 - h_2)$$
$$= E_{pA} - E_{pD}$$

（3）$W_{AD} = mgAD\cos\alpha = mgh_{AB} = mg(h_1 - h_2) = E_{pA} - E_{pD}$

答：物体沿三条不同路径运动时，重力做的功都相等，都等于起、终点的重力势能之差。

由以上计算可知，物体不管沿哪条路径由 A 点到 B 点，重力所做的功都相等。利用高等数学知识可以证明：**重力对物体所做的功与物体运动的路径无关，只与起点和终点的位置有关，并等于起点的重力势能与终点的重力势能之差。**

三、弹性势能

在力学中，除重力势能外，还有弹性势能。例如，变形的弓可以将箭射出去，压缩的弹簧在恢复原状时，可以把物体推开，这种**物体由于发生弹性形变而具有的能称为弹性势能。**

关于弹性势能的大小，可以证明：对于发生拉伸或压缩形变的弹簧，在弹性限度内，弹性势能由弹簧的劲度系数 k 和形变的大小 x 决定，其表达式为

$$E_p = \frac{1}{2}kx^2 \tag{4-8}$$

在 SI 中的单位为 N/m，弹性势能的单位也是焦耳（J）。

习题 4-4

4-4-1　为什么说重力势能是一个相对量？物体在某两点重力势能的差值，与零势能面的选择有无关系？

4-4-2　重力对物体做正功，物体的重力势能如何变化？重力对物体做负功，物体的重力势能又如何变化？

4-4-3　距地面 19.6m 高处有一质量为 2kg 的物体，它对地面的重力势能为多少？试用动能定理求该物体自由下落到地面时的动能。

4-4-4　工人把质量为 150kg 的货物沿长 3m、高 1m 的斜面匀速推上汽车，货物增加的重力势能是多少？若不计摩擦，工人沿斜面将货物推上汽车所做的功是多少？

第五节　机械能守恒定律

掌握机械能守恒定律，并会用定律分析和解决具体问题。

一、动能和势能的相互转化

物体自由下落，重力对物体做正功，物体的重力势能不断减少，而速度不断增加，即物体的动能不断增加。这说明重力势能可以转化为动能。

将物体竖直上抛，物体在上升过程中，重力对物体做负功，物体的重力势能不断增加，而速度不断减小，即物体的动能不断减少。这说明动能可以转化为重力势能。

被压缩的弹簧具有弹性势能，当弹簧恢复原状时，就把跟它接触的物体弹出去。这一过程中，弹力做正功，弹簧的弹性势能减少，而物体得到一定的速度，动能增加。

从上述的讨论可知，动能与势能的相互转化，是通过重力或弹力做功来实现的。

动能和势能（重力势能、弹性势能）统称为机械能。重力或弹力做功的过程，就是机械能从一种形式转换为另一种形式的过程。

二、机械能守恒定律的表述

动能与势能的相互转化是否存在某种定量的关系呢？下面以动能与重力势能的相互转化为例，讨论这个问题。

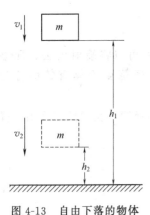

图 4-13　自由下落的物体

设一质量为 m 的物体，在重力作用下从高处下落，距地面 h_1 处的速率为 v_1，下落到离地面 h_2 处的速率为 v_2（见图 4-13）。若重物做自由落体运动，只有重力做功，那么根据动能定理，重力对物体所做的功等于物体动能的改变量。即

$$W_G = E_{k2} - E_{k1} = \frac{1}{2}mv_2^2 - \frac{1}{2}mv_1^2$$

又由前面所述，重力对物体所做的功等于物体重力势能的减少量。即

$$W_G = mgh_1 - mgh_2 = E_{p1} - E_{p2}$$

显然，上述两式的右端相等，即

$$\frac{1}{2}mv_2^2 - \frac{1}{2}mv_1^2 = mgh_1 - mgh_2$$

或

$$E_{k2} - E_{k1} = E_{p1} - E_{p2} \tag{4-9}$$

式（4-9）说明，在只有重力做功的条件下，物体动能的增加量等于物体重力势能的减少量。式（4-9）还可以改写为

$$mgh_1 + \frac{1}{2}mv_1^2 = mgh_2 + \frac{1}{2}mv_2^2$$

或

$$E_1 = E_2 \tag{4-10}$$

式（4-10）表明，在只有重力做功的情况下，物体的动能和重力势能可以相互转化，但总的机械能保持不变。

所谓只有重力做功，是指：物体只受重力，而不受其它的力，如自由落体运动和各种抛体运动；或者除重力外还受其它的力，但其它的力不做功，如物体沿着光滑斜面的运动。

同样可以证明，在只有弹力做功的情况下，物体的动能和弹性势能可以相互转化，总的机械能也保持不变。

通过上面的讨论，可以得出结论：**在只有重力或弹力做功的情况下，物体的动能和势能可以相互转化，而总的机械能保持不变**。这个结论称为机械能守恒定律。它是力学中的一条重要定律，是普遍的能量守恒定律的一种特殊情况。

【例题 1】 质量为 10kg 的铁块，从 10m 高处自由下落，求铁块落到距地面 5m 高处的动能。

已知 $m = 10\text{kg}$，$h_1 = 10\text{m}$，$h_2 = 5\text{m}$，$v_1 = 0$。

求 E_{k2}。

解 由 $E_{k2} - E_{k1} = E_{p1} - E_{p2}$ 得

$$E_{k2} = E_{p1} - E_{p2} + E_{k1}$$

$$= mgh_1 - mgh_2 + \frac{1}{2}mv_1^2 = mg(h_1 - h_2)$$

$$= 10 \times 9.8 \times (10 - 5) = 490 \ (\text{J})$$

答：铁块下落到距地面 5m 处的动能为 490J。

【例题 2】 如图 4-14 所示，一物体由静止开始，沿着光滑的 1/4 圆弧道从 A 点滑到最低点 B。已知圆半径 $R = 4\text{m}$。求物体滑到 B 点时的速率。

已知 $v_A = 0$，$h_A = R$，$h_B = 0$。

求 v_B。

解 选取 B 点为零势能点，物体从 A 点滑到 B 点的过程中，除重力外，其他力对物体不做功，所以物体的机械能守恒。

因为 $$E_A = \frac{1}{2}mv_A^2 + mgh_A = mgR$$

$$E_B = \frac{1}{2}mv_B^2 + mgh_B = \frac{1}{2}mv_B^2$$

所以有 $$mgR = \frac{1}{2}mv_B^2$$

$$v_B = \sqrt{2gR} = \sqrt{2 \times 9.8 \times 4} \approx 8.9 \ (\text{m/s})$$

答：物体滑到 B 点时的速率为 8.9m/s。

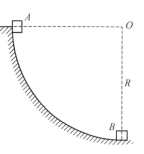

图 4-14 沿圆弧轨道下滑的物体

习题 4-5

4-5-1 机械能守恒的条件是什么？机械能守恒时，物体动能的变化与物体重力势能的变化之间有何关系？

4-5-2 下面各实例中，哪些过程机械能守恒？哪些不守恒？说明理由。

(1) 不计空气阻力，抛射体在空中的运行。

(2) 物体沿光滑斜面下滑。

(3) 跳伞员张开降落伞后在空中匀速下落。

（4）不计空气阻力，轻质软绳下端悬吊的重物在空中摆动。

（5）匀速上升的气球。

4-5-3　一人以 $19.6m/s$ 的速度从地面竖直上抛一小球，小球的重力势能和动能在多高的地方恰好相等？（空气阻力不计）

4-5-4　一块石子从 20m 高处以 15m/s 的速度抛出，求石子落地时的速度。（空气阻力不计，g 取 $10m/s^2$）

本章小结

一、功和功率

1. 功

力和物体在力的方向上的位移的乘积，称为力对物体做的功。功等于力的大小、位移的大小、力的方向与位移方向夹角余弦的乘积，公式如下。

$$W = Fs\cos\alpha$$

式中，α 为力的方向与物体位移方向之间的夹角。

2. 功率

功与完成这些功所用时间的比值，称为功率。公式如下。

$$P = \frac{W}{t}$$

二、机械能

1. 动能

物体由于运动而具有的能称为动能。运动物体的动能等于它的质量和速度（速率）平方的乘积的一半，表达式如下。

$$E_k = \frac{1}{2}mv^2$$

2. 势能

位于高处的物体具有的能称为重力势能。通常选地面为零势能面，重力势能等于物体的质量、重力加速度和它距地面高度的乘积，表达式如下。

$$E_p = mgh$$

物体由于发生弹性形变而具有的能称为弹性势能。对于弹簧而言，在弹性限度内，弹性势能等于弹簧的劲度系数和形变量平方的乘积的一半，表达式如下。

$$E_p = \frac{1}{2}kx^2$$

3. 机械能

动能和势能统称为机械能。在没有弹性势能的情况下，机械能的表达式如下。

$$E = E_k + E_p = \frac{1}{2}mv^2 + mgh$$

三、功能关系

1. 动能定理

合外力对物体所做的功，等于物体动能的增量。其表达式如下。

$$W = E_{k2} - E_{k1}$$

合外力对物体做正功，物体动能增加；合外力对物体做负功，物体动能减少。

2. 机械能守恒定律

在只有重力或弹力做功的情况下，物体的动能和势能可以相互转化，但总的机械能保持不变。公式如下。

$$E_1 = E_2$$

或　　　　　　　　　　$$E_{k1} + E_{p1} = E_{k2} + E_{p2}$$

复 习 题

一、判断题

1. 因为功有正负之分，所以功是矢量。（　　）

2. 功率是描述做功快慢的物理量。（　　）

3. 只要合外力对物体做正功，其动能必定增加。（　　）

4. 重力做功一定与路径无关。（　　）

5. 张开降落伞的伞兵在下落过程中机械能守恒。（　　）

二、选择题

1. 一人沿水平方向推 100kg 的满载车前进了 20m，又用同样的力推 50kg 的空车前进了 20m。则这个人（　　）

A. 第一次做功多　　B. 第二次做功多　　C. 一样多　　D. 无法确定

2. 一个人从同样的高度，以不同的速度先后抛出同一个物体，物体最后落地。在物体运动过程中，重力做的功（　　）

A. 第一次多　　　　B. 第二次多　　　　C. 一样多　　　　D. 无法确定

3. 合力对物体做负功，物体的动能一定（　　）

A. 增加　　　　　　B. 减少　　　　　　C. 不变　　　　　　D. 不能确定

4. 从离地面 10m 高处自由下落的物体，动能和重力势能相等的高度为（　　）

A. 5.0m　　　　　　B. 2.5m　　　　　　C. $\dfrac{10}{3}$ m　　　　D. 7.5m

三、填空题

1. 运动员把重 1.0×10^3 N 的杠铃匀速举高 2.0m 用了 2.0s，重力做的功是 _____ ，运动员的功率为 _____ 。

2. 运动员用力把静止在地面上的质量为 1.0kg 的足球以 16m/s 的速度踢出，运动员对足球做的功为 _____ 。

3. 物体的机械能守恒的条件是 _____ 。

4. 重力对物体做正功，重力势能 _____ ；重力对物体做负功，重力势能 _____ 。

四、计算题

1. 静止在水平面上的物体，质量为 4.0kg，受到水平方向的拉力作用，使它前进 16m 后，速度增加到 4.0m/s，它在前进中受到的阻力是 2.0N，求拉力的大小。

2. 从某点处抛出一个质量为 0.5kg 的物体，抛出物体的初动能为 5.0J，落地时速度为 10m/s。若不计空气阻力，求抛出点离地面的高度。（g 取 10m/s²）

自 测 题

一、判断题

1. 作用在物体上的力，只要跟物体运动方向垂直就不做功。（　　）

2. 在匀速圆周运动中，向心力做正功。（　　）

3. 合外力对物体做负功时，其动能一定减少。（　　）

4. 重力对物体做正功，重力势能增加。（　　）

5. 在只有重力做功的条件下，物体的机械能守恒。（　　）

二、选择题

1. 物体放在水平地面上并受到水平恒力 F 的作用，由静止前进 s 时，则（　　）

A. 有摩擦力时 F 做功多

B. 无摩擦力时 F 做功多

C. 支持力做正功

D. 不论有无摩擦力，F 做功都相同

2. 竖直上抛的物体，到达最高点后又落回原处，不计空气阻力，则（　　）

A. 上升过程中重力做正功　　　　　　B. 下落过程中重力做正功

C. 两个过程中重力都做正功　　　　　D. 两个过程中重力都做负功

3. 一辆汽车，司机始终保持发动机在额定功率下工作，那么（　　）

A. 汽车的速度越大，牵引力越大

B. 汽车的速度越大，牵引力越小

C. 不管速度大小，牵引力不变

D. 额定功率不变，速度和牵引力都不能变

4. 升降机中有一质量为 m 的物体，当升降机以加速度 a 匀加速上升 h 高度时，物体增加的重力势能为（　　）

A. mgh　　　　　B. $mgh+mah$　　　C. mah　　　　　D. $mgh-mah$

5. 一个人站在阳台上，从相同高度以相同速率 v_0 分别把三个球竖直向上抛出、竖直向下抛出、水平抛出，不计空气阻力，则三球落地时（　　）

A. 上抛球的速率最大　　　　　　　　B. 下抛球的速率最大

C. 平抛球的速率最大　　　　　　　　D. 速率一样大

* 6. 如果一物体分别沿坡度不同、高度相等且表面光滑的斜面滑下，当它滑至底端时，它的（　　）

A. 动量相同　　　　　　　　　　　　B. 速度相同

C. 动能相同　　　　　　　　　　　　D. 滑下的时间相同

三、填空题

1. 一个质量为 0.5kg 的物体从 10m 高处由静止开始下落，空气阻力是重力的 0.3 倍，则物体由开始下落到落地的过程中，重力做功 ＿＿＿＿＿＿＿ J，空气阻力做功 ＿＿＿＿＿ J，物体克服空气阻力做功 ＿＿＿＿＿＿ J。（g 取 $10m/s^2$）

2. 质量为 60kg 的运动员，正以 10m/s 的速度奔跑，这时他具有的动能是 ＿＿＿＿＿ J。

3. 质量是 5.0kg 的物体放在距地面 0.80m 高的桌面上，这个物体对地面的重力势能是 ＿＿＿＿＿＿ J。（g 取 $10m/s^2$）

4. 在地面附近的一个质量为 2kg 的物体，从零势能面以上 7m 处下落到零势能面以下 3m 处，在这个过程中，重力势能的最大值是 ＿＿＿＿＿ J，最小值是 ＿＿＿ J，重力势能减少了 ＿＿＿＿＿ J。（g 取 $10m/s^2$）

四、计算题

1. 质量 $m=10kg$ 的物体放在水平地面上，物体与地面间的动摩擦因数 $\mu=0.4$，今用 $F=50N$ 的水平恒力作用于物体上，使物体由静止开始做匀加速直线运动，求：

（1）力 F 在 10s 内对物体所做的功；

（2）物体在 10s 末的动能。（g 取 $10m/s^2$）

2. 一根长 0.9m 的细绳，上端固定，下端系一小球。拉起小球，把绳拉直到水平位置后释放，小球经过最低点时的速率为多少？

*第五章　机械振动与机械波

本章将研究比较复杂的一种机械运动——机械振动，以及机械振动在弹性介质中的传播，即机械波。

振动和波的理论已经发展为物理学中一个独立的分支，而机械振动和机械波的知识，是学习各种形式的振动和波的基础，也是声学、地震学、建筑力学、造船学、光学和无线电等学科的基础。简谐振动是最简单、最基本的振动。本章从分析弹簧振子和单摆的振动来研究简谐振动的特点，然后在此基础上研究机械波的形成和传播。

第一节　简　谐　振　动

学习目标

1. 了解什么是机械振动。
2. 掌握简谐振动的特点和条件，掌握振幅、周期和频率的物理意义。

一、机械振动

弹簧的一端固定不动，另一端挂一重物，用手向下拉重物，放手后它就以原来静止的位置为中心做往复运动。**物体在某中心位置附近所做的往复运动称为机械振动，简称振动。**该中心位置称为**平衡位置**。例如，钟摆的运动、车厢的晃动、发声体的运动以及地震时地面的颤动等都是振动。

二、简谐振动的定义

简谐振动是各种振动现象中最简单、最基本的一种振动。弹簧振子和单摆是简谐振动的典型例子。如图 5-1 所示的装置，弹簧的一端固定，另一端系一穿孔小球，把它们穿在水平光滑杆上。设弹簧的质量与小球相比可以忽略，这样的系统称为弹簧振子。设小球在位置 O 时弹簧无变形，作用在物体上的合外力为零，所以该位置是物体的平衡位置。若拉它到右方的位置 B，然后放开，它就会以 O 为平衡位置振动起来。

小球为什么会振动呢？原来向右方拉球时，弹簧伸长，产生了一个向左指向平衡位置 O 的弹力 F。松开后小球就在弹力 F 的作用下向左做加速运动。当球回到平衡位置 O 时，它已具有一定的速度或动能，虽然这时弹簧已无伸长，小球已不再受弹簧的拉力，但由于惯性，小球继续向左运动。小球在通过平衡位置 O 向左运动中又压缩弹簧，被压缩的弹簧就产生一个向右指向平衡位置 O 的弹力 F，这个弹力阻碍球的运动，球减速运动到某一位置 A 时就不再向左运动了。然后小球在被压缩的弹簧的作用下，又向右做加速运动。与前面的情况相似，小球通过平衡位置并再次到达位置 B，完成一次全振动。以后的运动，将是上述过程的重复。

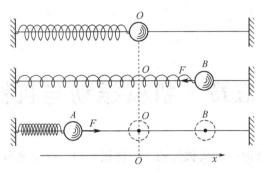

图 5-1　弹簧振子的振动装置

可见，振子之所以能在平衡位置附近做往复的运动，其原因是有一个方向总是指向平衡位置 O 的弹力 F 作用在振子上。我们把**使物体回到平衡位置的力称为回复力**。当物体离开平衡位置后有回复力存在，是物体振动的必要条件。

现在我们来确定振子在振动过程中所受的弹力 F。如图 5-1 所示，取平衡位置 O 为 x 轴的坐标原点，向右为 x 轴正方向。根据胡克定律，弹簧的弹力 F 与弹簧的伸长量 x（或压缩量）成正比，即与小球位移 x 的大小成正比。又因弹力 F 总是与位移 x 的方向相反，因此，弹力

$$F = -kx \tag{5-1}$$

式中，k 称为弹簧的劲度系数，负号表示回复力的方向与位移的方向相反。

物体在与位移大小成正比而与位移方向相反的力作用下的振动，称为简谐振动。

根据牛顿第二定律，质量为 m 的振子的加速度为

$$a = -\frac{k}{m}x \tag{5-2}$$

由此可知，在简谐振动中，加速度也与位移大小成正比，方向与位移方向相反。

简谐振动是最基本、最简单的振动。例如，音叉的振动，一端固定的弹簧片的振动均可看作简谐振动。由实验和理论计算可证明，一切复杂的振动都可以看成是由简谐振动叠加而成的。

三、描述振动的物理量

描述振动时，除利用振动物体离开平衡位置的位移以及速度、加速度外，还有三个新的物理量。

1. 振幅

振动物体离开平衡位置的最大距离称为振幅，以字母 A 表示。图 5-1 中的 OA 或 OB 即为该振动的振幅。振幅的 SI 单位是米（m）。振幅是表示振动幅度的大小或振动强弱的物理量。

2. 周期

物体完成一次全振动所需的时间称为周期，以字母 T 表示。在图 5-1 中，小球由位置 B 经过 O 到 A，再经过 O 回到 B；或球由位置 O 到 A，再经 O 到 B，又回到 O，都是一次全振动。它们所需的时间都等于周期。周期是表示振动快慢的物理量。它的 SI 单位是秒（s）。

简谐振动的周期与什么因素有关呢？由式（5-1）和式（5-2）可知，k 越大，回复力越大，

振子产生的加速度越大，振子振动得越快，因而周期越短；振子的质量越大，产生的加速度越小，振子振动得越慢，因而周期越长。

理论和实践证明，弹簧振子的周期可由式(5-3) 来确定。

$$T = 2\pi\sqrt{\frac{m}{k}} \tag{5-3}$$

可见，**弹簧振子的周期与质量的平方根成正比，与弹簧的劲度系数的平方根成反比，而与振幅无关。**

式(5-3) 对其他简谐振动也适用，只是 k 的含义不同。

由式(5-3) 可知，对于一个确定的简谐振动系统，m 和 k 都是恒量，所以 T 也是一个恒量，仅由系统本身的性质决定，称为**系统的固有周期**。

3. 频率

振动物体在单位时间内完成全振动的次数称为频率，以字母 f 表示。频率也是表示振动快慢的一个物理量，频率的 SI 单位是赫兹，简称赫，符号为 Hz。它与周期的关系如下。

$$T = \frac{1}{f} \text{ 或 } f = \frac{1}{T} \tag{5-4}$$

可见，简谐振动的频率仅由系统本身的性质决定，称为**系统的固有频率**。

在研究弹簧振子的简谐振动中，可以看到当物体位移最大时（如在 A、B 点），物体所受弹力最大，此时物体的加速度最大，而速度最小；当位移为零时（在平衡位置），物体不受力，因而加速度最小（等于零），但此时的速度最大。在简谐振动过程中，物体所受弹力的大小和方向是变化的，它的加速度的大小和方向也是变化的，所以简谐振动不是匀变速运动。

另外，物体运动速度大，其动能也大；弹簧形变大，其势能也大。因此，物体通过平衡位置时，其动能最大，势能最小。反之，物体越接近 A、B 点时，速度越小，弹簧形变越大，因而弹簧振子的动能变小，势能变大。物体到达 A、B 点时，动能为零，势能最大。由此可见，做简谐振动的弹簧振子的动能和势能始终处在变化中，因为只有弹力对振动系统做功，所以其动能和势能的总和不变，即机械能守恒。

习题 5-1

5-1-1 振动的必要条件是什么？简谐振动有什么特征？简谐振动是不是匀变速运动？为什么？

5-1-2 在图 5-1 中，小球在平衡位置 O 左右各 10cm 范围内振动。

(1) 它的振幅是多少？

(2) 如果在 5s 内小球振动 10 次，小球的振动周期和频率各为多少？

(3) 小球通过 O 点并向右振动时开始计时，经 3/4 周期，小球在什么位置？

5-1-3 分析图 5-1 中小球的运动，并填写下表。

球的运动	$B \to O$	$O \to A$	$A \to O$	$O \to B$
位移的方向怎样？大小如何变化？				
回复力的方向怎样？大小如何变化？				

续表

球的运动	B→O	O→A	A→O	O→B
加速度的方向怎样？ 大小如何变化？				
速度的方向怎样？ 大小如何变化？				
动能如何变化？				
势能如何变化？				

5-1-4　如图 5-1 所示，小球在什么位置时，弹簧振子的动能最大，什么位置时最小？小球在什么位置时，弹簧振子的势能最大，什么位置时最小？

第二节　单摆的振动

学习目标

1. 理解单摆的振动特点以及它做简谐振动的条件。
2. 掌握单摆振动定律的内容及应用。

一、单摆

摆的振动是常见的振动之一，最简单的摆是单摆。

在一根不能伸缩的轻线的下端，悬挂一个大小可以不计的小球，拉开小球，使它偏离平衡位置一个角度 α（小于 5°），放手后小球就可以在一竖直面内来回摆动，如图 5-2 所示。这种装置称为**单摆**。维持单摆振动的回复力是怎样产生的呢？由图 5-2 可知，摆球在运动过程中，受重力 G 和线的拉力作用（阻力忽略不计）。重力 G 可分解为沿悬线方向的分力 F_1 和沿圆弧切线方向的分力 F。分力 F_1 和线的拉力的合力沿摆线指向圆心（悬挂点），作为摆球运动的向心力，它只改变摆球运动的方向，而不改变摆球运动的快慢，在研究单摆的振动时，可以不予考虑。当 α 很小时（5°以下），圆弧可近似地看成直线，分力 F 可近似地看作沿这条直线作用，它的方向指向平衡位置，它使摆球产生指向平衡位置的加速度。当小球运动到平衡位置的左侧时，其重力可以按同样的方法进行分解，力 F 仍指向平衡位置。可见，力 F 是使单摆振动的回复力。

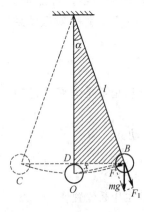

图 5-2　单摆的振动

下面研究回复力与位移的关系。当 $\alpha<5°$ 时，DB 和 x 几乎重合，可以认为 $DB\approx x$。设摆长为 l，$\sin\alpha=\dfrac{DB}{l}\approx\dfrac{x}{l}$，回复力 $F=mg\sin\alpha=mg\dfrac{x}{l}$。因回复力 F 与位移 x 反向，所以有

$$F = -\frac{mg}{l}x$$

式中，负号表示力 F 与位移 x 的方向相反。因 m、g、l 都有一定的数值，可以用一常数 k 代替，即 $k = \frac{mg}{l}$，所以 $F = -kx$。可见，在偏角很小的情况下，单摆振动的回复力与位移大小成正比而方向相反，所以单摆的振动是简谐振动。

二、单摆振动的周期

单摆曾是物理学史上引人注目的研究课题。伽利略首先发现了单摆的等时性，观察表明，只要保持偏角很小，无论怎样改变振幅，周期都是不变的，单摆做简谐振动的周期与振幅无关。早在 17 世纪，荷兰物理学家惠更斯研究了单摆的振动，发现**单摆做简谐振动的周期 T 与摆长 l 的二次方根成正比，与重力加速度 g 的二次方根成反比，与振幅、摆球的质量无关**，这个结论称为单摆振动定律，并且确定了单摆的周期公式。

$$T = 2\pi\sqrt{\frac{l}{g}} \tag{5-5}$$

摆在实际中有很多应用，惠更斯利用单摆的等时性发明了带摆的计时器，摆的周期可以通过改变摆长来调节，计时很方便。单摆的周期和摆长易用实验准确地测定出来，所以可利用单摆准确地测定各地的重力加速度。

【例题】 我们通常把振动的半周期为 1s 的单摆称作秒摆，北京的重力加速度为9.8012 m/s^2，问在北京的秒摆的摆长应该是多少？

已知 $g = 9.8012 m/s^2$，$T = 2s$。

求 l。

解 由单摆振动公式 $T = 2\pi\sqrt{\frac{l}{g}}$ 得

$$l = gT^2/4\pi^2$$
$$= \frac{9.8012 \times 2^2}{4\pi^2} = 0.9930(m)$$

答：在北京的秒摆的摆长应该是 0.9930m。

习题 5-2

5-2-1 一个单摆原来的周期为 2s，在下列情况下，周期有无变化？如有变化，变化后的周期是多少？

（1）摆长缩短为原来的 1/4；

（2）摆球质量减少为原来的 1/4；

（3）振幅减少为原来的 1/4；

（4）重力加速度减少为原来的 1/4。

5-2-2 做单摆实验时，摆长 150cm，振动 50 次需要时间 123s。求实验地点的重力加速度。

5-2-3 一金属摆钟在冬天走时恰好准确，到夏天时这钟将变快还是变慢？怎样调节摆长？

第三节　受迫振动　共振

1. 了解阻尼振动和受迫振动。
2. 理解共振的概念，掌握共振的条件。

一、自由振动和阻尼振动

如果振动系统在振动过程中只受回复力，不受摩擦力和其他阻力的作用，则振动系统的机械能守恒，系统将永远振动下去。

这样的振动称为**自由振动**。自由振动是一种理想的情况，前面所讲的弹簧振子和单摆的振动，实际上都要受到阻力的作用，只是阻力很小时，在不太长的时间内，才可以近似地看作是自由振动。物体做自由振动时，其振幅不随时间变化，它是等幅振动。

由于阻力不可避免，因此物体在振动中要不断克服阻力做功，消耗能量，振幅减小，最后停止运动。**在阻力作用下造成振幅逐渐减小的振动称为阻尼振动**。

二、受迫振动

在有阻力的情况下，要维持振动系统做等幅振动，就要有周期性的外力对系统不断做功，补偿它因克服阻力做功所消耗的能量。**振动系统在周期性外力作用下的振动，称为受迫振动**。这个周期性的外力称为**驱动力**，如柴油机或蒸汽机的活塞就是在周期性驱动力作用下振动的。

下面我们以图 5-3 所示的装置来研究受迫振动的规律。当匀速转动把手时，即可通过曲轴使弹簧振子受到驱动力的作用，弹簧振子做受迫振动，驱动力的频率等于把手的转速。

实验表明，无论驱动力频率如何变化，在达到稳定的振动状态后，物体做受迫振动的频率总是等于驱动力的频率，而与其固有频率无关。

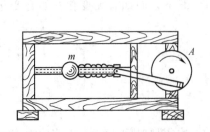

图 5-3　受迫振动装置

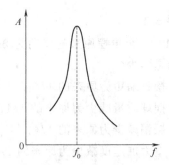

图 5-4　振幅与驱动力频率的关系

三、共振

在上述实验中，将不同频率的驱动力与所对应的振幅记录下来，就可以画出受迫振动的振

幅 A 随驱动力频率 f 变化的曲线，如图 5-4 所示。当驱动力频率由小增大时，振幅也增大。当驱动力频率与弹簧振子的固有频率 f_0 相等时，振幅最大。再增大驱动力频率，振幅又会减小。**驱动力频率等于物体的固有频率时，物体做受迫振动的振幅最大**，这种现象称为**共振**。

共振现象的应用很广泛，例如，共振筛、转速计等都是根据共振现象设计的；收音机中的调谐也是共振现象的应用；荡秋千时，只有当用力的频率与秋千的固有频率相同或接近时，才会荡得很高。

共振现象也有有害的一面，列队士兵的整齐步伐对桥梁的作用力，火车车轮对桥梁铁轨接头的撞击力，机器转动时对机器自身的作用力等，都是周期性的驱动力，都有可能产生共振现象。机器转动的共振，可能损坏机座。桥梁在共振作用下发生的形变会比在受同样力正常作用下的形变大上千倍。在历史上，能够承受几万士兵重量的彼得堡桥，就在一百多名士兵有节奏地齐步过桥时而倒塌了。1940 年 7 月建成的美国华盛顿州塔科马海峡大桥是当时世界第三大吊桥，耗资 640 万美元，建成后仅 4 个月，就在连续 6h 周期性低速风力的作用下，引起共振，导致钢制桥梁断裂掉入河谷。

【例题】　火车在行驶中，每经过接轨处就要受到一次驱动力的作用，使车厢在减震弹簧上振动起来，已知车厢的振动周期为 0.6s，每段铁轨长 12.6m，问火车在什么速度时，车厢振动最强烈？

已知 $T=0.6$s，$l=12.6$m。

求 v。

解　设火车的速度为 v 时，车厢的振动最强烈。根据共振的条件，火车通过每段铁轨的时间必须等于车厢的固有周期，所以

$$v=\frac{l}{T}=\frac{12.6}{0.6}=21(\text{m/s})$$

答：火车的速度达到 21m/s 时，车厢振动最强烈。

习题 5-3

5-3-1　什么是阻尼振动？什么是受迫振动？受迫振动的频率等于什么？

5-3-2　在什么情况下发生共振？举出应用和防止共振的几个实例。

5-3-3　汽车的车身是装在弹簧上的，如果这个系统的固有周期是 1.5s，汽车在一条起伏不平的路上行驶，路上各凸起处大约相隔 9.0m，汽车以多大速度行驶时，车身上下颠簸得最剧烈？

第四节　机　械　波

学习目标

1. 掌握机械波的概念，理解机械波的产生条件。
2. 了解机械波的种类及传播特征。

一、机械波的概念

如果振动发生在弹性介质中，它就不会局限在一个地方。介质的某一部分发生了振动，由于它对周围其他部分有弹力的作用，它就会带动周围部分振动。同样，周围部分又带动更远的部分振动，这样，介质中许多部分，由近而远陆续振动起来，振动就在弹性介质中传播出去。**机械振动在弹性介质中的传播称为机械波**。在力学中所提到的波，通常是指机械波。例如，鱼儿跃出了平静的湖面，跃起处的水面将开始振动，这振动向周围传播出去，使远处的水面也振动起来，形成不断扩大的环形水面波；受到撞击的钟，钟壁的振动引起周围空气的振动，并在空气中传播出去而形成声波，使远处的人也能听到悠扬的钟声。

应注意的是，波动传播的只是介质的振动状态，而介质的各部分只在各自的平衡位置附近振动，并未随波一起传播出去。

二、横波与纵波

如图 5-5(a) 所示，将绳的一端固定，拉紧另一端并使之上下振动，就使绳形成了一系列凸起和凹下的状态，并沿绳传播。绳上各质点的振动方向是竖直的，而波沿水平方向传播。这种介质质点的振动方向与波的传播方向垂直的波称为横波。横波中凸起和凹下的部分分别称为波峰和波谷。

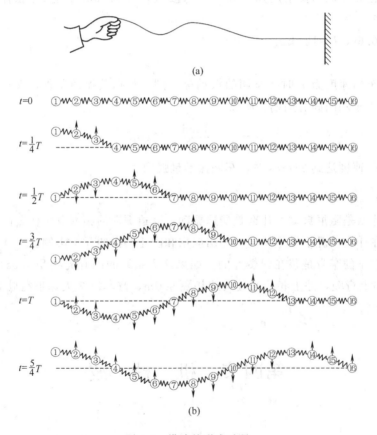

图 5-5　横波的形成过程

如图 5-5(b) 所示是横波的产生及传播过程的示意。质点振动一个周期，形成一个凸部和一个凹部，即形成一个完整的波形。

　　如图 5-6(a) 所示，把以细金属丝绕成的弹簧用线水平悬挂起来，当固定在弹簧片上的小球振动时，与小球连接的弹簧受到小球的压缩和拉伸的交替作用，形成一系列密集和稀疏状态，并向右传播。这种介质质点的振动方向与波的传播方向在同一直线上的波称为纵波。纵波中密集和稀疏部分分别称为密部和疏部。如图 5-6(b) 所示。

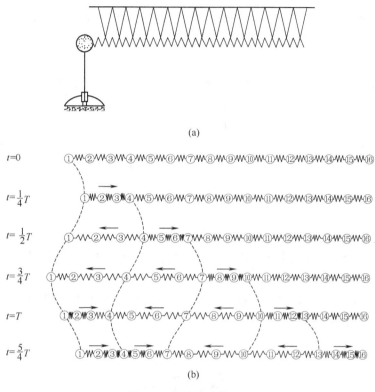

(a)

(b)

图 5-6　纵波的形成过程

　　波传来之前，介质质点是静止的，但随着波的传来而开始振动，从而具有了振动能量。这部分能量是从波源处传来的，波在传播振动的同时，也把能量传递出去。

第五节　频率　波长　波速

学习目标

掌握波长、波速和频率的物理意义及三者的关系。

一、频率

波源或介质中任一质点的振动频率（或周期）也称为波的频率（或周期）。周期和频率

依然是互为倒数的关系，即

$$T = \frac{1}{f} \quad 或 \quad f = \frac{1}{T}$$

二、波长

在一个周期内，振动在介质中传播的距离称为波长，通常以希腊字母 λ 表示，其 SI 单位为米（m）。

由图 5-5 和图 5-6 可知，横波中相邻波峰（或波谷）中心的距离或纵波中相邻密部（或疏部）中心的距离都等于波长。

三、波速

振动在介质中传播的速度称为波速。波速以字母 v 表示。由波长的定义可知

$$v = \frac{\lambda}{T} \quad 或 \quad v = \lambda f$$

应注意的是，频率由波源的振动情况决定，波速一般取决于介质本身的性质，而波长则由频率和波速共同确定。一列波经过不同介质时，其波长和波速一般都不相同，只有频率保持不变。

> **习题 5-5**
>
> 5-5-1　波长、频率和波速之间有什么关系？
>
> 5-5-2　每秒做 100 次全振动的波源产生的波，它的频率、周期各是多少？如果波速是 10m/s，波长是多少？
>
> 5-5-3　一艘渔船停泊在岸边，如果海浪的两个相邻波峰的距离是 6m，海浪的速度是 15m/s，渔船摇晃的周期是多少？

本章小结

一、机械振动

物体在平衡位置附近所做的往复运动称为机械振动。

1. 简谐振动

物体在与位移大小成正比而与位移方向相反的回复力作用下的振动称为简谐振动。即

$$F = -kx$$

2. 描述振动的几个物理量

（1）振幅 A　振动物体离开平衡位置的最大距离。

（2）周期 T　物体完成一次全振动所需的时间。

（3）频率 f　物体单位时间内完成全振动的次数。

$$T = \frac{1}{f} \quad 或 \quad f = \frac{1}{T}$$

对弹簧振子

$$T = 2\pi\sqrt{\frac{m}{k}}$$

对单摆

$$T = 2\pi\sqrt{\frac{l}{g}}$$

3. 受迫振动

（1）固有频率和固有周期　只在回复力作用下的振动的频率（或周期）称为固有频率（或固有周期）。

固有频率（或固有周期）只由振动系统本身的性质决定。

（2）阻尼振动　在阻力作用下振幅不断减小的振动称为阻尼振动。物体做阻尼振动时要克服阻力做功而消耗能量，所以机械能不守恒。

（3）受迫振动　在周期性外力（驱动力）作用下维持的振动称为受迫振动。受迫振动的频率等于驱动力的频率。

（4）共振　在受迫振动中，当驱动力频率等于物体的固有频率时，振幅最大，这种现象称为共振。

二、机械波

1. 机械波

机械振动在弹性介质中的传播。

（1）横波　质点的振动方向与波的传播方向垂直的波。

（2）纵波　质点的振动方向与波的传播方向在同一直线上的波。

2. 描述波的物理量

（1）频率　波的频率即波源或介质中质点的振动频率。

（2）周期　波的周期即波源或介质中质点的振动周期。

（3）波长　一个周期内波传播的距离。它由波速和频率（或周期）决定。

（4）波速　振动在介质中传播的速度。一般由介质的性质决定。

$$v = \lambda f = \frac{\lambda}{T}$$

复 习 题

一、判断题

1. 振动的物体任何时刻都受回复力的作用。（　　）
2. 振幅是描述振动强弱的一个物理量。（　　）
3. 单摆的振动周期与摆球的质量无关。（　　）
4. 物体做受迫振动时，其频率和它自身的固有频率无关。（　　）
5. 波动传播的除了介质的振动状态外，也可将介质的各部分随波一起传播出去。（　　）

二、选择题

1. 有一个弹簧振子，第一次把弹簧压缩 x 后开始振动，第二次把弹簧压缩 $2x$ 后开始振动，这两次振动的周期之比是（　　）

A. 1∶2　　　　　　B. 2∶1　　　　　　C. 1∶1　　　　　　D. 1∶4

2. 下列说法中错误的是（　　）

A. 机械波是机械振动在弹性介质中的传播

B. 机械波是介质质点沿传播方向迁移的过程

C. 机械波有横波和纵波之分

D. 波是能量传播的一种形式

3. 波从甲介质进入乙介质时，不发生变化的物理量是（　　）

A. 波长　　　　　　B. 频率　　　　　　C. 波长和周期　　　　D. 波速

4. 有两个单摆，摆长之比为 1∶9，则它们的周期之比为（　　）

A. 9∶1　　　　　　B. 1∶9　　　　　　C. 3∶1　　　　　　D. 1∶3

三、填空题

1. 质量为 m 的物体在回复力 $f = -kx$ 作用下做简谐振动，它的振动频率为_____。

2. 产生机械波的条件有两个，一是要有_____，二是要有_____。

3. 横波的特征是_____，纵波的特征是_____。

4. 回复力的方向总是指向_____。

四、计算题

1. 一条河上架着一座铁桥，一个人用锤子敲一下铁桥一端而发出的声音，经过空气和铁桥分别传到桥的另一端时间相差 2.0s。已知空气和钢铁传声的速度分别是 340m/s 和 4900m/s，求铁桥的长度。

2. 一次海啸中，海浪的速度达到 800km/h，海面振动的周期是 12min，求海浪的波长。

3. 某弹簧振子，在 30s 内完成 84 次全振动，求它的振动周期和频率。

自 测 题

一、判断题

1. 质点在回复力作用下的振动，一定是简谐运动。（　　）
2. 振幅是描述振动快慢的物理量。（　　）
3. 单摆的频率由振动系统本身的性质决定。（　　）
4. 有机械波必然存在机械振动。（　　）
5. 波速就是波源的振动速度。（　　）

二、选择题

1. 一个质点正在做简谐运动，在表征它的运动的下述物理量中，不变的是（　　）
A. 周期　　　　B. 加速度　　　　C. 速度　　　　D. 回复力
2. 有一单摆，在摆球通过平衡位置两侧同一水平面上的两点时相同的物理量是（　　）
A. 位移　　　B. 速度　　　C. 加速度　　　D. 动能
3. 队伍过桥不能齐步走，这是为了（　　）
A. 减少对桥的压力　　　　　　B. 避免使桥共振，发生危险
C. 使桥受力均匀　　　　　　　D. 使桥保持平衡，合力等于零
4. 波在传播过程中（　　）
A. 弹性介质本身随波迁移　　　B. 只传播波形
C. 传播弹性介质和振动形式　　D. 传播振动形式和能量
5. 在平静的水面上投下一颗石子，形成的水波向四面八方传开去。在波传播的过程中，下列说法正确的是（　　）
A. 波速不断减小　　B. 波长不断减小　　C. 振幅不断减小　　D. 频率不断减小

三、填空题

1. 如图 5-1 所示，小球在振动过程中，在最大位移处动能为_____，弹性势能最_____；在平衡位置处动能最_____，弹性势能为_____。
2. 两个单摆，摆长之比是 4：1，则它们的周期之比为_____；如果它们的频率之比是 4：1，则它们的摆长之比为_____。
3. 在达到稳定的振动状态后，物体做受迫振动的频率总是等于_____的频率，而跟其_____频率无关。
4. 物体做受迫振动时，发生共振的条件是_____。
5. 机械波是_____。

四、计算题

1. 有一个弹簧振子，其振动周期为 3.14s，振子的质量为 0.10kg，求弹簧的劲度系数。
2. 在无风的天气里，湖上有条船离岸 100m，船上抛出一只锚，由抛出点形成水波。一人站在岸上，看到波经过 50s 才到达岸边，且在 5s 内到达岸边的波数为 20 个，求水波的波长。

第六章　分子动理论　能量守恒

热学是物理学的一部分，它研究热现象的规律。

在力学中研究的物体，大都是宏观物体。本章将从物质的微观结构出发，建立分子动理论，还将从宏观上总结热现象的规律，引入内能的概念，并把内能跟其它形式的能量联系起来。

第一节　分子动理论

学习目标

1. 理解布朗运动和分子力的概念。
2. 掌握分子动理论的基本论点。

一、物体由分子组成

早在 2000 多年前，古希腊的德谟克利特就认为，物体是由无数不可再分的"原子"组成的，这虽然是没有实验根据的假说，却奠定了人类对物质微观世界认识的基础。

今天，人们用电子射线、X 射线和中子射线等现代化手段研究物质结构的结果表明，物体由分子组成，分子又由原子组成。分子可以是单原子分子、双原子分子，也可以是千万个原子组成的高分子（如塑料）。

分子是很小的，别说用肉眼，就是用光学显微镜也很难观察到它们。测量结果表明，一般分子直径约为 10^{-10} m，如氧分子直径约为 3×10^{-10} m，一些大分子直径可达 10^{-7} m。除高分子外，一般分子的质量也是很小的，例如，氧分子的质量是 5.3×10^{-26} kg，1 个氢分子与 1 粒黄豆的质量之比，约等于 1 粒黄豆与地球的质量之比。正因为单个分子的体积和质量都非常小，所以平时我们看到的物体，即便是体积或质量很小的物体，也是由大量分子组成的。为建立物体中分子数目和分子大小的概念，我们举一个例子：一个小动物在喝水，假如它每秒喝进 100 亿个水分子，那么要多长时间才能喝完 $1cm^3$ 的水呢？答案是，至少要 10 万年。

二、分子间有空隙

在长玻璃管中装入一半水，再缓慢倒入酒精，然后，摇动玻璃管使液体充分混合，可以发现，混合后总体积比混合前小，这表明，分子间有空隙，混合后一种液体的分子跑到另一种液体分子的空隙里去，因而总体积减少了。

钢铁看起来是那样坚硬密实，很难想象它的分子间会有空隙，但若有非常高的压强来压缩储存在钢筒里的油，油就能从筒壁渗出，这说明钢分子间也存在空隙。

此外，物体受压时体积减少，外部压强减小时体积会增大等现象，也都证明物体的分子间有空隙。

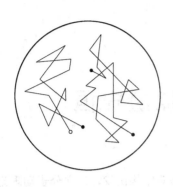

图 6-1　布朗运动

三、分子的热运动

1827 年，英国植物学家布朗用显微镜观察水中悬浮的花粉时，意外地发现它们在不停地做杂乱无章的运动。后来人们就把这样的运动称为**布朗运动**。布朗运动如图 6-1 所示，在观察过程中每隔 30s 记录两个微粒的位置，并用线段依次把它们连接起来得到折线。实际上，在短短的 30s 内，微粒的运动也是极不规则的，实验结果还表明，不管是白天黑夜，不管是夏季冬季，无论怎样减小气流、振动等外来因素的干扰，布朗运动总是不停地进行着。

那么，产生布朗运动的原因是什么呢？研究表明，液体是由无数做无规则运动的分子组成的。这些分子包围着液体中的小微粒，从四面八方撞击它。若微粒较小，则某一瞬间它在不同方向受到的冲力一般不相等，因而微粒就会沿着某一方向运动。另一瞬间，它又受另一方向上较大的冲力作用，因而就会改变其运动方向。这样就引起微粒的无规则运动。由此可知，微粒虽然并不是单个分子，但它们的无规则运动却是液体分子无规则运动的反映。布朗运动表明，组成物体的分子总是不停地做无规则运动。

过大的颗粒不能做布朗运动。这是因为同时与它碰撞的分子数越多，各个方向上的冲力越趋于平衡。另外，颗粒质量过大，在较小冲力的作用下，其运动状态的变化也很难觉察。

值得注意的是，液体的温度越高，布朗运动就越剧烈。这表明，分子的运动速度与温度有关，温度越高，分子的运动速度也就越大。所以，**大量分子的无规则运动也称为热运动**。

四、分子间的作用力

一根铁棒用很大的力也难以拉断，这说明铁棒任一截面两侧的分子间有很大的吸引力。液体有一定体积，固体有一定形状，也说明物体分子间有吸引力。另一方面，压缩物体使其体积减小，也需要施加一定外力，这又说明分子间还存在排斥力，**分子间的这种相互作用力称为分子力**。

实验和理论研究都证明，分子间的吸引力和排斥力是同时存在的，实际表现出来的分子间的作用力是吸引力和排斥力的合力。

分子力与分子距离的关系如图 6-2 所示。由图可知，分子距离等于 r_0 时（r_0 约为 10^{-10} m），吸引力和排斥力相等，合力为零，分子处于平衡状态。分子距离小于 r_0 时，随着分子距离的缩小，排斥力和吸引力都增加，但排斥力比吸引力增加得快，分子力表现为排斥力，所以，物体被压缩时，分子力起阻碍压缩的作用。分子距离大于 r_0 时，随着分子距离的增

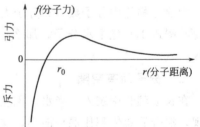

图 6-2　分子力与分子距离的关系

大，排斥力和吸引力都减小，但排斥力比吸引力减小得快，分子力表现为吸引力，所以物体被拉伸时，分子力起阻碍拉伸的作用。

分子间距离超过 10^{-9} m 时，分子力就表现得十分微弱。由此可见，分子力的作用范围是很小的。例如，在地面附近，空气中的气体分子的平均距离一般约为 3×10^{-9} m 左右，分

子力几乎是零，因而气体不能在分子力的作用下聚集成一定形状。

综上所述，**物体都是由大量分子组成的，分子间有空隙；分子间存在相互作用力；分子都在永不停息地做无规则运动，这就是分子动理论的基本论点。**

习题 6-1

6-1-1　试举出日常生活中的几个例子，说明分子时刻都在运动。

6-1-2　有人说悬浮在液体中花粉的运动就是分子运动，这种说法正确吗?

6-1-3　为了测定某种油分子的直径，把 $0.10cm^3$ 的油撒在水面上，形成了面积为 $4.0 \times 10^2 m^2$ 的油膜，求油分子的直径。

6-1-4　试用分子动理论的观点解释以下的现象：

(1) 打进篮球中的空气，体积缩小；

(2) 把两铅块压紧后能连成一块；

(3) 油压千斤顶可以顶起汽车。

相关链接

纳 米 技 术

纳米是一个长度单位，符号是 nm，$1nm = 10^{-9} m$，一般分子的直径为 $0.3 \sim 0.4nm$，蛋白质分子比较大，可达几十纳米；病毒的大小为几百纳米。纳米技术是纳米尺度内（$0.1 \sim 100nm$）的科学技术，研究对象是一小堆分子或单个的分子、原子。

研究表明，在纳米尺度内会发生很多新的现象，在技术上会有很多新进展。借助扫描隧道显微镜观察和操纵原子、分子，实际上就是一种纳米技术。科学工作者正在通过对分子或原子的操纵，实现心中的理想。例如，在电子和通信方面，用纳米薄层和纳米点制造纳米电子器件——存储器、显示器、传感器等，使器件的尺寸更小、运行的速度更快、耗能更少。在医疗方面，制造纳米结构药物以及生物传感器，研究生物膜和 DNA 的精细结构，在生命科学领域实现技术突破。在制造业方面，利用纳米机械制造蜜蜂大小的直升机……

纳米技术是现代科学技术的前沿，在世界范围内备受重视，这个领域内的竞争异常激烈。我国科学家也在进行纳米技术的研究，并取得了具有世界先进水平的成果。

第二节　物体的内能　热和功

学习目标

1. 理解做功和热传递在改变内能上的等效性。

2. 掌握内能的概念。

一、分子动能

组成物体的分子都在做永不停息的热运动，它们都具有热运动动能。

我们知道，即使很小的物体，也含有大量分子，这些分子的热运动速度不同，动能也不同。由于我们观察到的各种热现象都是物体内大量分子热运动的集体表现，因此在研究热现象时，我们关心的不是每个分子的动能，而是所有分子动能的平均值，即分子的**平均动能**。

物体的温度越高，分子的热运动越剧烈，分子热运动的平均动能也就越大；反之，温度越低，分子热运动平均动能就越小，所以，从分子动理论的观点来看，**温度是物体分子热运动平均动能的量度**。

二、分子势能

我们已经知道，地球上的物体因与地球有万有引力作用而具有重力势能，其大小由物体和地球的相对位置决定。同样，分子间有作用力，因而也具有由分子间相对位置决定的势能，这种势能称为**分子势能**。

如果物体的体积改变，分子间相对位置就会改变，分子势能也会随之变化，所以分子势能与物体的体积有关。

三、物体的内能

自然界中一切物体都由分子组成，因此，所有物体都具有分子动能和分子势能。**物体中所有分子热运动动能和分子势能的总和称为物体的内能**。

综上所述，**物体的内能与物体的温度和体积有关**，温度和体积改变都可能引起物体内能的改变。

常温常压下，气体分子间的距离较大，分子力很小，如果忽略分子力的作用，就可以不考虑气体的分子势能，这时可认为气体的内能仅与温度有关。

物体除具有内能外，还可以同时具有机械能。例如，在空中飞行的子弹就具有整体运动的动能和重力势能。在以后关于物体内能变化的讨论中，我们将不考虑物体机械能的变化，即认为其机械能是不变的。

四、内能的变化

在力学中我们已经知道，做功能使物体的机械能发生变化；同样，做功也能使物体的内能发生变化。锯木头时，锯条和木头间相互摩擦，锯条和木头的温度升高，内能增加。用搅拌器在水中搅拌，对水做功，水的温度升高，内能增加。压燃式柴油机的活塞压缩汽缸中的气体，对气体做功，使它的温度升高，内能增加（温度能升高到约 600℃，从而使气体中的雾状柴油燃烧）。热机汽缸内燃烧后的高温高压气体体积膨胀，推动活塞运动，气体对外做功，它的温度降低，内能减少。

做功并不是改变物体内能的惟一方式。两个温度不同但相互接触（或相距较近）的物体，其中高温物体的温度将逐渐降低，其内能减小；低温物体的温度将逐渐升高，其内能增大，这里并没有做功，但是物体的内能也改变了，这样的过程称为**热传递**。

可见，能够改变物体内能的物理过程有**做功和热传递**两种。

五、热和功

当物体内能的变化是由做功过程所引起时，外界对物体做多少功，物体的内能就增加多少；物体对外界做多少功，物体的内能就减少多少。当物体内能的变化是由热传递过程所引起时，物体吸收多少热量，物体内能就增加多少；物体放出多少热量，物体内能就减少多少。**做功和热传递都能改变物体的内能，在这一点上它们是等效的**。能量的 SI 单位是焦耳（J），功和热量的 SI 单位也都是焦耳（J）。

第三节　热力学第一定律　能量守恒定律

学习目标

1. 掌握热力学第一定律及其应用。
2. 理解能量守恒定律。

一、热力学第一定律

当物体从外界吸收热量 Q 时，物体的内能应增加，其增量应等于 Q；当物体对外做功 W 时，物体的内能应减少，其减少量应等于 W。如果物体从外界吸收热量 Q，同时又对外做功 W，则物体内能的增量应为 $\Delta E = Q - W$，通常写为

$$Q = \Delta E + W \tag{6-1}$$

式中，Q 为物体从外界吸收的热量；ΔE 为物体内能的增量；W 为物体对外做的功。式中各量的单位都是 J。

式（6-1）表明，**物体从外界吸收的热量等于物体内能的增量与物体对外做功的和**。这就是**热力学第一定律**。

为使式（6-1）普遍适用，式中各量的符号规定如下：物体从外界吸热，Q 取正值；物体向外界放热，Q 取负值。物体对外做功，W 取正值；外界对物体做功，W 取负值。物体内能增加，ΔE 取正值；物体内能减少，ΔE 取负值。

【例题】　一定量的气体从外界吸收热量 2.66×10^5 J，其内能增加 4.15×10^5 J。问在此过程中是气体对外做功，还是外界对气体做功？做了多少功？

已知　$Q = 2.66 \times 10^5$ J，$\Delta E = 4.15 \times 10^5$ J。

求 W。

解　由热力学第一定律 $Q = \Delta E + W$ 可得

$$W = Q - \Delta E = 2.66 \times 10^5 - 4.15 \times 10^5 = -1.49 \times 10^5 \text{（J）}$$

W 为负值，表示外界对气体做功 1.49×10^5 J。

答：在此过程中是外界对气体做功，做了 1.49×10^5 J 的功。

二、能量守恒定律

如果不对物体传递热量，即 $Q = 0$，由式（6-1）可得

$$W = -\Delta E$$

上式表明，物体对外所做的功等于其内能的减少。或者说，物体以减少自身内能为代价而对外做功。若再有 $\Delta E = 0$，即物体内能不减少，则 $W = 0$，物体不能对外做功。

由此可见，要使物体对外做功，必须向物体传递热量或者消耗物体的内能。历史上有人曾幻想制作这样一种机器（永动机），既不需要向它传递热量，它又不消耗自身内能而能永远对外做功。由热力学第一定律可知，这是根本不可能实现的。热力学第一定律实质上是包含了机械运动与热运动的能量守恒定律。

在力学中我们知道，物体的机械能可以相互转化并守恒；由热力学第一定律，我们看到在一定条件下机械能和内能也可以相互转化，而且能量总和保持不变。

实质上，物质的每一种运动形式都有与之相对应的能量，除与机械运动对应的机械能，

与热运动对应的内能之外，还有电能、化学能、原子能和生物能等。大量事实表明，不仅机械能和内能，而且各种形式的能都能相互转化。例如，水力发电是把机械能转化为电能；通电导体发热，是把电能转化为内能；炽热物体发光，是把内能转化为光能；植物的光合作用，是把光能转化为化学能等。大量事实表明，任何形式的能转化为另外形式的能时，总的能量都是守恒的。

经过长期的生产实践和科学研究，人们认识到：**能量既不能创生，也不能消灭，它只能从一种形式转化成另一种形式，或由一物体转移到另一物体，而能量的总和保持不变。**这就是能量守恒定律。

自能量守恒定律建立以来，在科学技术的各个领域发挥了重大作用，它是人类认识自然和改造自然的有力武器。

习题 6-3

6-3-1　什么是物体的内能？改变物体内能的物理过程有哪两种？每一种举几个实例。

6-3-2　为什么说物体的内能与物体的温度和体积有关？

6-3-3　举出几个能量转化的实例。

6-3-4　空气压缩机在一次压缩中，活塞对空气做了 3.0×10^5 J 的功，同时空气内能增加 1.5×10^5 J，这时空气向外界传递的热量是多少？

6-3-5　用活塞压缩汽缸里的空气，对空气做了 920J 的功，同时汽缸对外散热 230J，汽缸中空气的内能改变了多少？

相关链接

归纳、概括法

归纳、概括法是从个别事实中概括出一般概念、一般规律的逻辑思维方法，它给人们提供了一个概括经验事实、正确地形成概念、发现规律的有利手段。

归纳、概括法有多种形式，但运用归纳、概括法一般分为三个步骤。第一步是搜集材料，搜集的材料越全面越好。第二步是整理材料，首先要对材料进行筛选，选出能反映本质的材料；其次，要把材料进行有序处理，如分类、列表、排列等。第三步是概括抽象，对材料进行分析比较，最后概括抽象出反映事物本质的概念和规律。

归纳、概括法在物理学发展中起过重大作用，并将继续发挥作用。能量守恒定律，包括热力学第一定律，从科学研究的方法上说，是通过对大量事实的归纳和概括而确立的，所以，归纳和概括是一种非常重要的科学方法，在各个领域的科学研究中都起着积极的作用。

归纳、概括法是人们认识世界的重要工具，但归纳、概括法本身也有一定的局限性，即它本身不能保证结论的正确性。如果过分强调归纳、概括的方法，容易陷入狭隘的经验之中，阻碍物理学的发展。现代物理学的发展，越来越依赖于理性思维。

水 力 发 电

水能资源是一种非常宝贵的再生资源，而水力又是一种获得廉价电力的来源。水力发电是水能利用的主要形式，它是利用河流中以水的落差（水头）和流量为特征值所积蓄的势能和动能，通过水轮机将水能转换为机械能，然后带动发电机发电，通过输电线将电能输送到用电部门。

人们利用水力发电大约是在 19 世纪 80 年代。1878 年，在法国巴黎附近建造的塞尔曼兹电站是当时世界上最早的水电站。美洲第一座水电站建于美国威斯康星州阿普尔顿的福克斯河上，由一台水车带动两台直流发电机组成，装机容量 25kW，于 1882 年 9 月 30 日发电。这些雏形电站的建立，揭开了近代大型水电站的序幕。欧洲第一座商业性水电站是意大利的特沃利水电站，于 1885 年建成。中国大陆第一座水电站——石龙坝水电站，于 1910 年 7 月建于云南省螳螂川上，1912 年发电。

我国是世界上水力资源最丰富的国家之一，理论水力资源约有 6.94×10^8 kW，可以经济开发的容量约有 4.02×10^8 kW，居世界首位。因此，积极开发水力资源，提供廉价电力，对实现现代化有着重大意义。

随着电力工业的不断发展，许多大中型水电站相继建成。特别是长江葛洲坝水电站的建成，标志着我国水电建设已步入一个新的里程碑，葛洲坝 170MW 水电机组至今仍是世界上最大的低水头转桨式机组。改革开放的大潮推动了水电事业的快速发展，1998 年研制成功了单机容量为 400MW 的李家峡机组和单机容量为 550MW 的二滩机组。举世瞩目的三峡水电站，单机容量为 700MW 级的巨型水轮发电机组目前已投入使用。

*第四节　热机　制冷机

学习目标

1. 理解循环过程。
2. 了解热机和制冷机的工作原理，理解热机效率和制冷系数的物理意义。

一、热机

热机是利用工作物质不断地从外界吸收热量，同时又不断地对外界做功并放出热量，经过一次次的循环，将热能转化为机械能的装置。蒸汽机、内燃机、汽轮机和喷气发动机等都是热机。下面我们以蒸汽机为例介绍热机的工作过程和原理。

如图 6-3 所示，水泵可将水池中的水打入加热器即锅炉中，水在锅炉内加热，变成温度和压强较高的蒸汽，这是一个吸热使物体内能增加的过程。蒸汽通过管道进入汽缸，并在汽缸中膨胀推动活塞对外做功，同时蒸汽温度下降，内能减小，在这一过程中内能通过做功转化为机械能。最后，蒸汽变为废气，进入冷凝器，在冷凝器中经冷却放热，水蒸气冷凝成水，再经过水泵将水打入水池，完成一个工作循环。随着循环过程不断进行，水蒸气从锅炉中不断吸收热量对外界做机械功。通常，将机器中的做功物质称为工作物质，例如蒸汽机中的水蒸气等。

工作物质经过一系列的变化过程后，仍回到原始状态的整个过程称为**循环过程**。在每一个循环过程中，工作物质从中吸收热量的物体称为高温热源，如锅炉；工作物质对应放出热量的物体称为低温热源，如冷凝器。循环过程中热量的传递变化及做功的过程可用图 6-4 表示，图中表示工作物质在高温热源（如锅炉）中吸收热量 Q_1，在汽缸中膨胀对外做功 W，再向低温热源（如冷凝器）放出热量 Q_2 的过程，这个循环称为**正循环**。经过一个循环，工作物质恢复原状，如果工作物质在循环过程中只与两个热源（高温热源、低温热源）交换热量，且没有散热和漏气，对于整个循环过程来说，工作物质的内能没有变化。根据热力学第

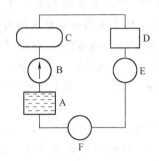

图 6-3　蒸汽机的工作原理

A—水池；B，F—水泵；C—锅炉；

D—汽缸；E—冷凝器

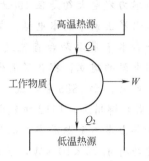

图 6-4　正循环过程

一定律，得到

$$W = Q_1 - Q_2 \quad (Q_2 \text{取绝对值})$$

由此可见，在循环过程中，工作物质从外界吸收的热量的总和 Q_1，必然大于放出的热量 Q_2，而且其差值 $(Q_1 - Q_2)$ 就等于对外做的功 W。即工作物质从高温热源吸收的热量，部分用来对外做功，部分不可避免地传递给低温热源而废弃不用。

二、热机效率

热机性能的重要指标之一就是热机效率。在一个循环过程中，工作物质对外界所做的功与从高温热源吸收的热量的比值，即吸收的热量有多少转化成有用功，称为**热机效率**。热机效率通常用百分数来表示。

$$\eta = \frac{W}{Q_1} = \frac{Q_1 - Q_2}{Q_1} = 1 - \frac{Q_2}{Q_1} \tag{6-2}$$

由于散热、漏气、摩擦等因素损耗能量，另一方面由于一部分热量在低温热源处放出，所以热机的效率一般较低。为提高热机的效率，法国工程师卡诺研究了理想热机（没有散热、漏气和摩擦等因素），理想热机的循环也称为卡诺循环。理想热机的效率只由高温热源的温度 T_1 和低温热源的温度 T_2 决定。理想热机的效率为

$$\eta = \frac{T_1 - T_2}{T_1} = 1 - \frac{T_2}{T_1} \tag{6-3}$$

由式(6-3)可知，高温热源的温度 T_1 越高，低温热源的温度 T_2 越低，则理想热机的效率越高。实际热机越接近理想热机效率越高。

【**例题**】　蒸汽机的锅炉温度为 853K，冷凝器的温度为 303K，若按卡诺循环计算，其效率为多少？

已知 $T_1 = 853$K，$T_2 = 303$K。

求 η。

解　由理想热机的效率公式得

$$\eta = \frac{T_1 - T_2}{T_1} = 1 - \frac{T_2}{T_1} = 1 - \frac{303}{853} = 0.64 = 64\%$$

答：理想蒸汽机的效率是 64%。

事实上，实际蒸汽机的效率比 64% 小得多，约为 36%。这是因为实际的循环和卡诺循环相差很多，例如热库并不是恒温的，还存在散热、漏气和摩擦等因素。

三、制冷机

如果沿着正循环的反方向即**逆循环**进行时，则为制冷机的工作过程。氨蒸气压缩制冷装置如图 6-5 所示。经压缩机压缩的氨蒸气，在热交换器中被冷却凝结成液氨，然后经节流阀降压降温，在冷库中液氨吸收热量全部蒸发为气体，然后重新经压缩机压缩进行一个循环。在一次制冷循环中，工作物质由低温热源（如冷库）吸收的热量为 Q_2，外界对工作物质做功为 W，向高温热源（如热交换器）放出的热量为 Q_1，如图 6-6 所示。由热力学第一定律可得 $W = Q_1 - Q_2$，制冷机的效能可用制冷系数 ε 表示。

$$\varepsilon = \frac{Q_2}{W} = \frac{Q_2}{Q_1 - Q_2} \tag{6-4}$$

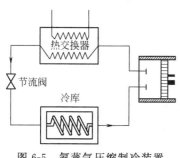

图 6-5　氨蒸气压缩制冷装置

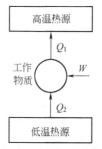

图 6-6　逆循环过程

由式(6-4) 可知，外界对工作物质做功越少，而从低温热源吸热越多，制冷机的制冷系数就越大，制冷性能就越好。

对卡诺制冷机

$$\varepsilon = \frac{T_2}{T_1 - T_2} \tag{6-5}$$

在制冷机中，高温热源的温度 T_1 通常是大气温度，所以卡诺制冷机的制冷系数取决于所能达到的制冷温度 T_2。T_2 越低，制冷系数越小。

习题 6-4

6-4-1　简述热机的工作原理。

6-4-2　何为热机效率？怎样提高热机效率？

6-4-3　想一想电冰箱、空调的制冷原理是什么？

相关链接

瓦　　特

瓦特（1736—1819）出生于英国苏格兰格拉斯哥市附近的一个小镇格里诺克，少年时代的瓦特，由于家境贫困和体弱多病，没有受过完整的正规教育。

瓦特是世界公认的蒸汽机发明家。他的创造精神、超人的才能和不懈的钻研精神为后人留下了宝贵的精神和物质财富。瓦特发明、改进的蒸汽机是对近代科学和生产的巨大贡献，具有划时代的意义，它导致了第一次工业技术革命的兴起，极大地推进了社会生产力的发展。

后人为了纪念这位伟大的发明家，把功率的单位定为瓦［特］。

*第五节　热力学第二定律

学习目标

理解热力学第二定律，了解自然过程的方向性。

一切宏观热力学过程都必须遵守热力学第一定律，那么符合热力学第一定律的宏观过程是否一定就能实现呢？这就是热力学第二定律所要回答的问题。

一、功热转换的不可逆性

功完全可以转换成热，也就是说机械能可以完全转化成内能，摩擦生热就是一个明显的例子，但是反过来，热完全转化为功而不引起外界任何变化是不可能的。如热机，从高温物体吸收热量 Q_1，对外做功为 W，而此时 $Q_1 > W$，它们的差值 $Q_2 = Q_1 - W$ 传递给了低温物体。自然界中热功转化是有方向性的，即摩擦生热是不可逆的。

二、热传递的不可逆性

两个温度不同的物体相互接触时，热量总是自动地由高温物体传递给低温物体，最终两个物体的温度相同，但是从来也没有看到热量会自动地从低温物体传递给高温物体，使低温物体的温度越来越低，高温物体的温度越来越高。也就是说，热传递是有方向的，热量由高温物体传递给低温物体的过程是不可逆的。热传递在不受外界影响的情况下由低温物体自动传递给高温物体是不可能的。

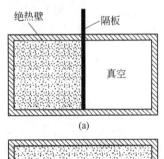

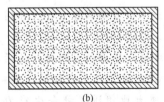

图 6-7　气体对真空的绝热自由膨胀

三、气体绝热自由膨胀的方向性

如图 6-7（a）所示，气体聚集在容器的左半部，当绝热容器的隔板被抽去的瞬间，气体将自动地迅速膨胀充满整个容器，如图 6-7（b）所示。而相反的过程即充满容器的气体自动地收缩到只占有原体积的一半，而另一半变为真空的过程是不可能实现的。也就是说，气体向真空中绝热膨胀的过程是不可逆的。

以上三个典型的实际过程都是按一定的方向进行的，是不可逆的。相反方向的过程不能自动地进行，或者说，可以发生，但必然会产生其他后果。由于自然界中一切与热现象有关的实际宏观过程都涉及热功转化和热传递，因此可以说，一切与热现象有关的实际过程都是不可逆的。

四、热力学第二定律的表述

历史上热力学理论是在研究热机工作原理的基础上发展的，热力学第二定律是在研究热机效率的过程中发现的，最早由克劳修斯和开尔文分别于 1850 年和 1851 年提出。这两种表述方法一直沿用至今。

不可能从单一热源取热使之完全变为有用功而不引起其他变化。这就是热力学第二定律的开尔文表述。

热力学第二定律的另一种表述是：**不可能把热从低温物体传递到高温物体而不引起其他变化**。这就是热力学第二定律的克劳修斯表述。克劳修斯表述排除了热量自发地从低温物体传递到高温物体的可能性。

热力学第一定律告诉我们，在任何热力学过程中能量必须守恒。热力学第二定律进一步告诉我们，满足能量守恒定律的过程不一定能够实现，与热现象有关的宏观自然过程都是有方向性的。综上所述，**热力学第二定律反映了自然过程进行的方向和条件**。

习题 6-5

6-5-1　热力学第二定律的内容是什么？

6-5-2　下列说法是否正确？

（1）功可以完全转化成热，但热量在任何情况下都不能完全转化成功；

（2）满足热力学第一定律的热力学过程都可以发生；

（3）热量可以自动地从高温物体传给低温物体，但不可能自动地从低温物体传给高温物体。

本章小结

一、分子动理论的基本论点

物体是由分子组成的，分子之间有空隙；分子在永不停息地做无规则的热运动；分子之间存在相互作用。这是分子动理论的基本论点。

许多事例说明分子动理论的观点是正确的，利用分子动理论可以解释大量的热现象。分子动理论是统计物理学的基础。

二、分子动能和分子势能　内能

分子做无规则的热运动，因此分子具有分子动能；分子之间存在相互作用的引力和斥力，所以分子之间具有分子势能。组成物体的所有分子具有的分子动能和分子势能之和称为物体的内能。

物体的内能不同于物体的机械能。物体的内能与物体的温度和体积有关。

三、热量和功

做功和热传递是改变物体内能的两种方式。做功和热传递在改变物体内能上是等效的，但本质不同。热量和功都是与热力学过程相联系的物理量。

四、热力学第一定律

$$Q = \Delta E + W$$

热力学第一定律是能量转化与守恒定律在热力学中的体现。在应用其解题时，应注意 ΔE、Q、W 三者的符号规定。

*五、热机循环　制冷循环

热机效率为

$$\eta = \frac{A}{Q_1} = \frac{Q_1 - Q_2}{Q_1} = 1 - \frac{Q_2}{Q_1}$$

卡诺热机的效率	$\eta = 1 - \dfrac{T_2}{T_1}$
制冷机的制冷系数	$\omega = \dfrac{Q_2}{A} = \dfrac{Q_2}{Q_1 - Q_2}$
卡诺制冷机的制冷系数为	$\omega = \dfrac{T_2}{T_1 - T_2}$

＊ 六、热力学第二定律

宏观热力学过程自发进行具有方向性，都是不可逆的。热力学第二定律是关于热力学过程进行方向的定律。热力学第二定律告诉我们，某些过程尽管符合热力学第一定律，但实质上从没有也不可能发生。

复 习 题

一、判断题

1. 布朗运动就是分子的运动。（　　　）
2. 物体的内能是组成物体的所有分子的动能之和。（　　　）
3. 在物体内能的改变上，做功和热传递是等效的。（　　　）
4. 物体的温度越高，则热量越多。（　　　）
5. 理想热机的效率只由高温热源和低温热源的温度决定。（　　　）

二、选择题

1. 关于布朗运动，下列说法正确的是（　　　）
A. 布朗运动就是液体分子的热运动
B. 布朗运动就是分子运动
C. 悬浮的颗粒越大，布朗运动越剧烈
D. 物体的温度越高，布朗运动越剧烈
2. 固体很难压缩，原因是（　　　）
A. 分子不停地运动　　　　　　　B. 分子间空隙较大
C. 分子本身占据了空间　　　　　D. 分子间存在斥力
3. 一定质量的气体，从外界吸收了 100J 的热量，同时气体对外界做了 500J 的功，则（　　　）
A. 气体内能增加，温度升高　　　B. 气体内能减少，温度不变
C. 气体内能减少，温度降低　　　D. 无法判断

三、填空题

1. 分子的_____运动称为热运动。分子间的相互作用力与分子间的_____有关。
2. 改变物体内能的方法是_____和_____。

四、计算题

1. 对一定质量的气体，向它传递了 300J 的热量，气体的内能增加了 500J，则气体对外做功还是外界对气体做功？做了多少功？

2. 空气压缩机在一次压缩中，对空气做了 4.0×10^5J 的功，同时汽缸向外散热 9.0×10^4J，空气内能改变了多少？是增加还是减少？

自 测 题

一、判断题

1. 物体受压后体积减小，表明物体由分子组成。（　　　）
2. 分子力是分子引力和分子斥力的合力。（　　　）
3. 温度是物体分子热运动平均动能的量度。（　　　）
4. 在忽略分子力的作用时，气体的内能仅与温度有关。（　　　）

* 5. 制冷系数越小，表示制冷机的性能越好。（　　）

二、选择题

1. 在下列关于分子力的说法中，正确的是（　　）

A. 当 $r > r_0$ 时，分子斥力大于分子引力

B. 当 $r = r_0$ 时，分子间既无引力，也无斥力

C. 当 $r < r_0$ 时，分子间只有斥力

D. 当 $r > 10^{-9}$ m 时，分子间的作用非常微弱，分子力几乎为零

2. 内能增加的物体（　　）

A. 温度一定升高

B. 一定是从外界吸收了热量

C. 一定是外界对它做了功

D. 可能从外界吸热，也可能外界对它做了功

3. 封闭在玻璃容器内的气体，当温度升高时，下列说法正确的是（　　）

A. 分子的速度不变　　　　　　　　　　B. 分子的动能不变

C. 气体的内能增加　　　　　　　　　　D. 气体的内能减少

4. 把一个装有气体的圆筒，用不传热的外套裹着，设气体对外界做功，并且不考虑气体的分子势能，则气体的温度（　　）

A. 升高　　　　　B. 降低　　　　　C. 不变　　　　　D. 无法确定

* 5. 在 600K 的高温热源和 300K 的低温热源间工作的理想热机，其效率是（　　）

A. 50%　　　　　B. 60%　　　　　C. 70%　　　　　D. 25%

三、填空题

1. 酒精和水混合后的总体积要比混合前小，这表明_____。

2. 压缩物体，须施加一定的外力，这说明分子之间有_____。

3. 固体有一定的形状，说明分子间有_____。

4. 液体的温度越_____，布朗运动越剧烈。布朗运动表明_____。

5. 物体内能与物体的_____和_____有关。

四、计算题

1. 用活塞压缩气缸里的气体时，活塞对气体做功 9.0×10^2 J，同时气体的内能增加了 5.0×10^2 J，气体从外界吸热还是对外界放热？传递的热量为多少？

* 2. 一卡诺热机，在温度为 400K 和 300K 的两个热源间运转。若一次循环，热机从高温热源吸热 1200J，问应向低温热源放热多少？

*第七章　气体的性质

常温下，物质由液体变为气体时，体积会扩大上千倍。由此可知，气体分子间的距离较液体大得多。所以，气体分子间的作用力十分微弱，可以认为，除分子之间或与容器壁碰撞外，分子不受力，可以自由运动。因此，气体没有固定的体积和形状，容易扩散并充满整个容器，也比较容易被压缩。本章将学习描述气体状态的三个参量以及参量间的关系。

第一节　气体的状态参量

学习目标

1. 理解气体的温度、压强、体积的物理意义。
2. 会计算气体的压强，会将热力学温度与摄氏温度进行换算。

在研究气体的热学性质时，首先要对它们的状态加以描述。通常，以气体的体积、压强、温度来描述气体的状态。**气体的体积、压强、温度，这三个物理量称为气体的状态参量。**

一、气体的体积

气体分子间距离很大，相互作用力很小，可以忽略不计，所以气体分子能够自由运动，气体没有一定的形状和体积。对于储存在某容器中的一定气体，气体分子总是充满整个容器空间。因此，**气体的体积就是储存气体的容器的容积。**

气体体积以符号 V 表示，在 SI 中，单位为立方米，符号为 m^3。在生活和工程技术中，体积的单位有时还用升（L）、毫升（mL）。

$$1L = 10^{-3} m^3$$
$$1mL = 10^{-6} m^3$$

二、气体的压强

打入自行车轮胎的空气，会使车胎鼓得很硬；给气球充气，气球胀大。说明气体对容器壁有力的作用。通常，**容器器壁单位面积上受到的气体的垂直作用力称为气体的压强。**

气体的压强是怎样产生的？气体对容器器壁的压强，是由大量运动着的气体分子对容器器壁的撞击而产生的。气体分子不停地做无规则运动，就会不断地与容器器壁碰撞，一个分子对器壁的撞击力尽管很小，而且也不连续，但大量的气体分子与器壁碰撞，就对容器器壁产生均匀、持续的稳定作用力。如同雨中打伞那样，一滴雨滴到伞上，往往感觉不到对伞的压力，但大量密集雨点打在伞上，就会感到伞面受到一均匀的压力。

气体压强常用符号 p 表示，在 SI 中，压强的单位是帕斯卡，符号为 Pa。在工程技术中，压强的单位还有标准大气压（atm）、毫米汞柱（mmHg）等。

$$1\mathrm{Pa}=1\mathrm{N/m^2}$$
$$1\mathrm{atm}=1.013\times10^5\mathrm{Pa}\approx1.0\times10^5\mathrm{Pa}$$
$$1\mathrm{mmHg}=133.322\mathrm{Pa}$$

气体的压强，可用压强计来测量。如图 7-1(a) 所示为测量小压强的水银压强计；如图 7-1(b) 所示为压力容器上测量大压强的压强计。

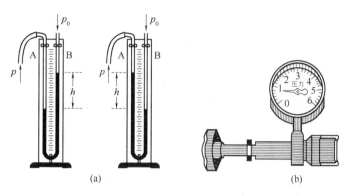

图 7-1　压强计

三、气体的温度

冬天天气寒冷，气温低；夏天炎热，气温高。这里的气温指的是空气的温度。

气体温度宏观上反映了气体的冷热程度，从分子动理论的观点看，气体温度反映气体内部大量分子无规则运动的剧烈程度，是气体分子平均动能的量度。

温度高低的表示法称为**温标**。在日常生活中常用的温标是摄氏温标，对应的温度称为摄氏温度，用 t 表示，它的单位是摄氏度，符号是℃。摄氏温标是将标准大气压下水结冰的温度定为 0℃，水沸腾的温度定为 100℃，中间分成 100 等份，每一等份代表 1℃。在 SI 中，常用热力学温标表示温度高低。对应的温度称为热力学温度，热力学温度用 T 表示，单位是开尔文，符号是 K。热力学温标与摄氏温标两者只是零点的选择不同，热力学温标以 -273.15℃作为零，称作绝对零度。摄氏温度 t 与热力学温度 T 的关系如下。

$$T=t+273.15$$

为简化计算，在实际应用过程中，常取绝对零度为 -273℃，因此

$$T=t+273$$

温度通常以温度计测量。温度计除我们熟悉的体温计、寒暑表外，在科学研究和工程技术中还有热电偶温度计、电阻温度计等。

习题 7-1

7-1-1　已知某容器的气体的压强为 30atm，则气体的压强为多少帕？合多少毫米汞柱？

7-1-2　某气体的温度为 25℃，问气体的热力学温度为多少？

7-1-3　如习题 7-1-3 图所示，水银柱封闭了一部分气体，水银柱的长度为 10cm，求被水银柱封闭在直玻璃管内的气体的压强？（已知大气压强为 76cmHg）

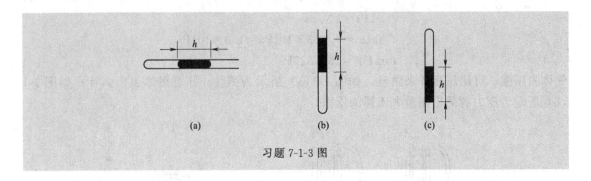

习题 7-1-3 图

第二节　气体的三个实验定律

1. 掌握玻意耳-马略特定律、查理定律、盖-吕萨克定律。
2. 会用气体的三个实验定律解决有关的问题。

一定质量的气体处在某一状态时，它的压强、体积和温度为确定的值。当气体的压强、体积和温度变化时，气体的状态也发生变化，变化过程中遵循什么规律呢？下面通过实验研究气体状态参量之间的变化规律。

一、玻意耳-马略特定律

一定质量的气体，当温度保持不变时，压强和体积的变化之间有什么关系呢？

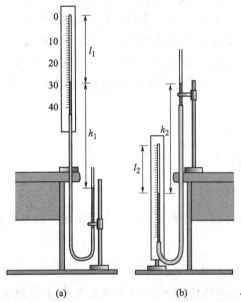

图 7-2　研究气体等温变化的实验装置

如图 7-2（a）所示，U 形管两端是玻璃管，中间是软管。右边玻璃管上端开口，与大气相通。左边玻璃管的上端是封闭的，其内部用红色水柱封闭着一段空气，这段空气柱就是所要研究的对象。

实验时管中的空气可以很好地透过玻璃管与外界发生热交换，使管中空气的温度不发生明显的变化，可以认为温度不变。在图 7-2 中，分别读出图 7-2（a）和（b）两个不同状态下空气柱的长度 l_1 和 l_2，读出 U 形管左右水面高度差 h_1 和 h_2。大气压强 p_0 可以用大气压强计测出。设空气柱的横截面积为 S，p_{h1} 和 p_{h2} 分别为左右水面高度差为 h_1 和 h_2 时水柱产生的压强，则有

$$V_1 = l_1 S，\quad p_1 = p_0 - p_{h1}，\quad V_2 = l_2 S，\quad p_2 = p_0 + p_{h2}$$

调节 U 形管的左右两边，使它们处于几种不同的相对高度，获得空气柱体积和压强的多组数据。分析所测数据，总结有何规律？

英国科学家玻意耳（1627—1691）和法国科学家马略特（1620—1684）各自通过实验总结得出：**一定质量的某种气体，在温度保持不变的情况下，压强与体积成反比。**即

$$p \propto \frac{1}{V}$$

或
$$p_1 V_1 = p_2 V_2 \tag{7-1}$$

这个结论称为**波意耳-马略特定律**。气体在温度不变的情况下发生的状态变化过程，称为**等温**过程。

二、查理定律

一定质量的气体，在保持体积不变的情况下，压强与温度变化遵循什么规律呢？

我们知道，打足了气的自行车轮胎（轮胎体积和气体质量不变），夏天在炎热的阳光下曝晒比冬天容易胀破。这是由于夏天温度高，气体压强较大，冬天温度较低，压强较小的缘故。法国科学家查理（1746—1823）通过实验发现：**一定质量的某种气体在体积不变的情况下，压强与热力学温度成正比**。即

$$p \propto T$$

或
$$\frac{p_1}{T_1} = \frac{p_2}{T_2} \tag{7-2}$$

这个结论称为**查理定律**。气体在体积不变的情况下发生的状态变化过程，称为**等容**过程。

三、盖-吕萨克定律

一定质量的气体，在保持压强不变的情况下，体积和温度变化之间有什么关系？

法国科学家盖-吕萨克（1778—1850）通过实验得到：**一定质量的某种气体，在压强不变的情况下，体积与热力学温度成正比**。即

$$V \propto T$$

或
$$\frac{V_1}{T_1} = \frac{V_2}{T_2} \tag{7-3}$$

这个结论称为**盖-吕萨克定律**。气体在压强不变的情况下发生的状态变化过程称为**等压**过程。

习题 7-2

7-2-1　某容器的体积是 10L，里面所盛气体的压强为 2.0×10^3Pa。保持温度不变，如果气体的压强变为 1.0×10^2Pa，问气体要用多大体积的容器盛装？

7-2-2　一定质量气体，27℃时体积为 $0.010m^3$，在压强不变的情况下，温度升高到 80℃时体积为多少？

7-2-3　一密闭容器的气体，0℃时的压强是 4.0×10^4Pa。给容器加热，当温度升高到多少时，气体的压强为 1.0×10^5Pa？

第三节　理想气体状态方程

学习目标

1. 理解"理想气体"的概念。

2. 掌握理想气体状态方程，并能用它来解决有关的问题。

一、理想气体

气体的三个实验定律是在压强不太大（与大气压相比）、温度不太低（与室温相比）的条件下通过实验总结出来的。当压强很大、温度很低时，实际测量的结果并不完全与三条定律的结论相符。能够严格遵循三个实验定律的气体称为**理想气体**。理想气体是一种理想化的模型，是我们为研究问题的方便而假设的。实际气体严格来讲都不是理想气体。但是，实际气体如氮气、氧气、氢气、氦气和空气等，在压强不太大、温度又不太低的条件下，性质很接近理想气体，常常将它们当作理想气体来处理。

从分子动理论看理想气体，理想气体是由大量的没有体积且分子之间没有相互作用力的分子组成的。显然，理想气体是不存在的，但是我们知道常温常压下，实际气体分子本身体积很小，分子间的距离较大，分子间的相互作用力很小，所以可以忽略气体分子本身的体积和分子力。这样，实际气体就可看作理想气体。

二、理想气体状态方程的表达式

理想气体处在某一状态时，状态变量压强、体积、温度保持不变。当状态发生变化时，一般来说压强、体积和温度都要发生变化，这三者之间有什么关系呢？

由实验可以发现：**一定质量的理想气体在状态发生变化时，其压强和体积的乘积与热力学温度的比值，在气体状态变化过程中始终保持不变。**即

$$\frac{pV}{T}=恒量$$

或

$$\frac{p_1 V_1}{T_1}=\frac{p_2 V_2}{T_2} \tag{7-4}$$

这个结论称为**理想气体状态方程**。式中，"恒量"与气体的种类、质量有关。应用式 (7-4) 时，应注意单位的统一，且温度只能用热力学温度。

如果保持压强、体积和温度其中一个量不变，根据式 (7-4) 得到其余两个量之间的变化关系，很明显就是前面介绍的气体的三个实验定律。

【例题1】 在温度等于 50℃ 而压强等于 1.0atm 时，内燃机汽缸中气体的体积是 930mL，如果经活塞压缩，气体的压强增大到 10.0atm，体积减小到 155mL，那么气体的温度将升高到多少？

已知 $p_1=1.0$atm，$T_1=(50+273)$K$=323$K，$V_1=930$mL，$p_2=10.0$atm，$V_2=155$mL。

求 T_2。

解 根据理想气体状态方程 $\frac{p_1 V_1}{T_1}=\frac{p_2 V_2}{T_2}$ 可得

$$T_2=\frac{p_2 V_2 T_1}{p_1 V_1}=\frac{10.0\times155\times323}{1.0\times930}\approx5.4\times10^2(\text{K})$$

答：经活塞压缩后，气体的温度将升高到 5.4×10^2K。

【例题2】 在标准状态（1.0×10^5Pa，0℃）下，氧气的密度 $\rho_0=1.43$kg/m³。盛在容积为 $V_1=100$L 氧气瓶中的氧气，在 16℃ 的室温下，瓶上压力计读数为 6.0×10^6Pa，氧气瓶中有多少千克的氧气？

已知 $p_1=6.0\times10^6$Pa，$V_1=100$L$=0.1$m³，$T_1=(16+273)$K$=289$K，$p_0=1.0\times$

10^5Pa，$T_0 = 273$K。

求 V_0，m。

解 根据理想气体状态方程可得

$$\frac{p_1 V_1}{T_1} = \frac{p_0 V_0}{T_0}$$

可得

$$V_0 = \frac{p_1 V_1 T_0}{p_0 T_1} = \frac{6.0 \times 10^6 \times 0.1 \times 273}{1.0 \times 10^5 \times 289} \approx 5.7 (\text{m}^3)$$

$$m = \rho_0 V_0 = 1.43 \times 5.7 \approx 8.2 (\text{kg})$$

答：氧气瓶中有 8.2kg 氧气。

习题 7-3

7-3-1 某一装置的汽缸内，装有一定质量的空气，压强为 50atm，体积为 3L，温度为 27℃。当移动活塞压缩空气时，使其体积压缩到 2L，温度为 127℃，问此时压缩空气的压强是多少？

7-3-2 某拖拉机的发动机汽缸容积为 0.85L，压缩前气体温度为 47℃，压强为 1.0×10^5Pa。在压缩过程中，活塞把气体压缩到原体积的 1/16，压强增大到为 4.0×10^6Pa，求这时气体的温度。

7-3-3 把 20L 温度为 16℃、压强为 1.0×10^6Pa 的氧气，装入密闭容器后，置于 0℃ 的冷库中。若压强变为 1.0×10^5Pa，容器的容积多大？

本章小结

本章介绍了描述气体状态的三个参量，在实验的基础上得出了气体的三个实验定律，并总结得出理想气体状态方程。

一、气体的状态参量

1. 温度

表示物体冷热程度的量。从微观上看，温度的高低标志着分子平均动能的大小。温度越高，分子平均动能越大，分子的热运动越剧烈。

热力学温度 T 与摄氏温度 t 之间的关系如下

$$T = t + 273 \quad \text{或} \quad t = T - 273$$

2. 压强

气体的压强来源于大量气体分子对容器器壁的频繁碰撞。

3. 体积

气体的体积由容器的容积决定。

二、气体实验三定律

对一定质量的气体，在等温、等压和等容过程中分别遵守以下定律。

1. 波意耳-马略特定律 $\quad p_1 V_1 = p_2 V_2 \quad (T \text{ 一定})$

2. 盖-吕萨克定律 $\quad \dfrac{V_1}{T_1} = \dfrac{V_2}{T_2} \quad (P \text{ 一定})$

3. 查理定律 $\quad \dfrac{p_1}{T_1} = \dfrac{p_2}{T_2} \quad (V \text{ 一定})$

三、理想气体状态方程

对一定质量的理想气体，它的压强和体积的乘积与热力学温度的比值，在状态变化中保持不变，即

$$\frac{pV}{T} = 恒量$$

或

$$\frac{p_1V_1}{T_1} = \frac{p_2V_2}{T_2}$$

复 习 题

一、判断题

1. 气体分子间距离相对于固体和液体来说最大，分子之间的相互作用力也最大。（　　）
2. 温度越高，分子平均动能越大，分子的热运动越剧烈。（　　）
3. 气体的压强来源于大量气体分子对容器器壁的频繁碰撞。（　　）
4. 气体的体积是指所有气体分子的体积和。（　　）
5. 气体的状态可以由气体的体积、压强和温度来描述。（　　）

二、选择题

1. 一定质量的理想气体，在等温过程中吸收了热量，则气体的（　　）
A. 内能增加　　　　　B. 内能减少　　　　　C. 内能不变　　　　　D. 无法确定
2. 压强为 8×10^4 Pa 的气体，其体积为 1L，若温度不变，体积增加到 2L，压强为（　　）
A. 2×10^4 Pa　　　B. 4×10^4 Pa　　　C. 8×10^4 Pa　　　D. 16×10^4 Pa
3. 一定质量的理想气体，体积保持不变，温度由 27℃升高到 54℃，则压强变为原来的（　　）
A. 2 倍　　　　　　　B. 1.09 倍　　　　　C. 0.5 倍　　　　　D. 1.5 倍

三、填空题

1. 已知某容器的气体压强为 10atm，则气体的压强为_____Pa，为_____cmHg柱。
2. 某物体的温度为−30℃，则它的热力学温度为_____K。

四、计算题

1. 汽车的轮胎在 20℃时，其压强为 30atm，现在轮胎内温度升高到 37℃，假定体积不变，问气体的压强是多少？
2. 一定质量的气体，27℃时体积为 0.01L，在压强不变的情况下，温度升高到 180℃时，体积是多少？
3. 在温度等于 47℃而压强等于 1atm 时，某内燃机汽缸中气体的体积是 900mL，如果经活塞压缩，气体的压强增大到 10atm，体积减少到 150mL，那么气体的温度将升高到多少？

自 测 题

一、判断题

1. 气体的体积是指储存气体的容器的容积。（　　）
2. 气体的压强等于容器器壁受到的压力。（　　）
3. 理想气体分子之间的相互作用力为零。（　　）
4. 在国际单位制中，温度的单位是摄氏度。（　　）
5. 在压强不太大、温度不太低的条件下，实际气体可以当作理想气体来处理。（　　）

二、选择题

1. 固态氮的熔点是−210℃，用国际单位制表示是（　　）
A. −483K　　　　　B. −63K　　　　　C. 63K　　　　　D. 483K
2. 一定质量的理想气体吸热膨胀，并保持压强不变，则（　　）
A. 它吸收的热量大于内能的增加
B. 它吸收的热量等于内能的增加
C. 它吸收的热量小于内能的增加
D. 它吸收的热量可以大于内能的增加，也可以小于内能的增加

3. 一定质量的理想气体，当体积不变时，压强减为原来的一半，其温度由 27℃变为（　　）

A. 150K　　　　　　B. 13.5K　　　　　　C. 123K　　　　　　D. －13.5K

4. 一定质量的理想气体，在等温过程中吸收了热量，则气体的（　　）

A. 体积增大，内能改变　　　　　　　　　B. 体积减少，内能不变

C. 压强增大，内能改变　　　　　　　　　D. 压强减少，内能不变

三、填空题

1. 描述气体的状态参量是_____、_____和_____。

2. 某人的体温为 37℃，若用热力学温度来表示则为_____K。

3. 2atm＝_____Pa。

4. 一定质量的理想气体，当体积保持不变时，压强跟_____成正比；当温度保持不变，压强跟_____成反比；当压强保持不变，气体的热力学温度与_____成正比。

四、计算题

1. 测量大气压强的一个简便方法，是将一端封闭、内径均匀的玻璃管开口向上竖直放置，灌入一些水银，封闭一段空气。若水银柱长 15cm，空气柱长 20cm，而玻璃管开口向下竖直放置时，空气柱变为 30cm，求大气压强。（假定温度不变）

2. 某一装置的汽缸内，装有一定质量的空气，压强为 50atm，体积为 8L，温度为 27℃。当移动活塞压缩空气时，使其体积压缩到 2L，压强为 250atm，问此时空气的温度是多少？

学　生　实　验

怎样做好学生实验

实验前做好准备　实验前要做好预习。应该认真、仔细地阅读实验内容，做到：明确实验目的，弄懂实验原理；明确所用仪器装置，弄清楚操作步骤及注意事项；设计好记录数据的表格。

实验前的准备是保证实验得以正确进行和取得较大收获的重要前提。只有实验前做好准备，才能自觉地、有目的地做好实验。反之，实验时只是盲目操作，这种实验即使做了，也不会有多大收益。

实验中手脑并用，正确地操作、观测和记录　在实验过程中，不能只动手不动脑，机械地按规定的实验步骤操作，甚至看一步做一步，应该手脑并用，心到、眼到、手到。

首先要了解仪器装置的性能、规格、使用方法。要仔细安装和调整实验装置，使之符合实验条件。

按实验步骤逐步操作时，应该在实验原理的指导下，对实验有一个整体的物理情景。操作中要正确地使用仪器。在进行每一步操作前，先想想可能出现的结果。如果跟自己预期的不符合，要想想是为什么，是否合理。实验过程中出现了故障，自己先想想可能的原因，再请老师帮助解决，并注意学习老师是如何检查和排除故障的。

要仔细观测和记录原始数据，并注意标明单位。原始数据要边测量、边记录在事先设计好的表格中，要记得准确、清楚、有次序，不要随便乱记。

实验后正确分析和处理数据，写好实验报告　实验后要对得到的数据进行仔细的分析、计算和处理，作出合理的结论。处理数据要尊重客观事实，决不能乱凑数据。

要学会自己独立地写出简明的实验报告，不要只按照现成的格式填写。五专物理实验报告的写法，除了像初中学过的一样，包括实验目的、器材、步骤等之外，还可根据不同的情况写出简要的原理和误差分析等。实验报告不必格式化，可以根据实际情况有所侧重。

误差和有效数字

误差　实验中，我们总要对物理量进行测量，实际上，这种测量不可能绝对准确。我们把测量值和真实值的差异称为误差。误差可分为系统误差和偶然误差两种。

系统误差是由于仪器不精确、实验方法不完善、实验原理的近似性等原因产生的误差，它的特点是在相同条件下重复做同一实验时，测量值总是同样地偏大或偏小。要减小系统误差，就要校准测量仪器、改进实验方法，或设计更为合理的实验方案等。偶然误差是由各种偶然因素引起的误差。例如，用毫米刻度的尺测量物体的长度，毫米以下的数值只能凭目测估计，各次测量结果就不会完全一致，有时偏大，有时偏小。测量次数越多，偏大与偏小的次数就越相近，由此计算出的平均值就越接近真实值。因此多次测量求平均值可以减小偶然误差。

应注意，误差不是错误，读数时看错刻度、记录时写错单位、运算时算错数字等，都是错误，错误是可以而且应该避免的，而误差无法避免，只能设法减小。

误差的表示　误差有两种表示：绝对误差和相对误差。绝对误差就是测量值与真实值的差（通常取绝对值）。如果以 x 表示测量值，以 x_0 表示真实值，以 Δx 表示绝对误差，那么就有 $\Delta x = |x - x_0|$。绝对误差往往不能表达出实验结果的好坏。例如，测量一本书的长度和厚度时，绝对误差都是 1mm，但书长约 180mm，而书厚仅 10mm 左右，前者相差不到 1%，而后者相差达 10%，显然前者较为准确。为此，人们又引入了相对误差的概念，并把绝对误差与真实值之比称为相对误差。又因为一般用百分数表示相对误差，所以它又称百分误差。如果以 E 表示百分误差，就有 $E = (\Delta x/x_0) \times 100\%$。物理量的真实值是不能确切知道的，在实际计算误差时，是用公认值或多次测量的平均值来代替它。

有效数字　测量总有误差，测得的数值只能是近似值。从仪器上读出数字，通常都要估计到最小刻度的下一位，例如用毫米刻度的尺量得书长为 183.6mm，数字 1、8、3 都是由最小刻度线直接读出的，是可靠的，称为可靠数字，而数字 6 是估计出来的，是不可靠数字，但它仍有参考价值，不能舍去。由可靠数字和一位不可靠数字组成的近似数中的每一位数字都称为有效数字。

有些仪器，例如游标卡尺或数字式仪表，是不可能估计出最小刻度下一位数字的，我们仍然认为直接读出的数字的最后一位是不可靠数字。这是因为对这些仪表来说，最后一位数字也存在着误差。

近似数 6.5 和 6.50 的含义并不相同。前者不可靠数字是 5，有 2 位有效数字，后者不可靠数字是 0，有 3 位有效数字。由此可见，小数点后面的零是有意义的，不能任意增加或舍去。但第一个非零数字前面的零是用来表示小数点位置的，不是有效数字，例如 0.00289 和 0.000305 都是 3 位有效数字。大的数字，如 175000，如果只有 3 位有效数字，应改写为 1.75×10^5；如果有 4 位有效数字，则应写为 1.750×10^5。在进行单位换算时，应注意使有效数字的位数保持不变。例如，地球的半径为

$$R = 6380\text{km} = 6.380 \times 10^6 \text{m} = 6.380 \times 10^8 \text{cm}$$

实验一　规则形状固体密度的测定

实验目的

1. 练习正确使用物理天平。
2. 学会使用游标卡尺测量长度。
3. 测定规则形状固体的密度。

实验原理

根据物质密度的定义

$$\rho = \frac{m}{v}$$

用物理天平测出圆柱形金属块的质量 m，用游标卡尺测出金属块的直径 d 和高 h，根据密度公式可计算出金属块的密度。

实验器材

圆柱形金属块，物理天平，游标卡尺。

实验步骤

1. 组装、调节物理天平，并测出金属块的质量 m，填入实验表 1-1 中。

2. 用游标卡尺分别测出圆柱形金属块的直径 d 和高 h。测量圆柱形金属块的直径和高时分别测出 3 次，求出它们的平均值。将数据填入实验表 1-1 中。

3. 利用所得数据计算出体积，继而计算出密度。填入实验表 1-1 中。

4. 将计算出的密度值 ρ 与该金属密度的公认值 ρ_0 做比较，计算出百分误差（ρ_0 由实验室给出）。

物理天平和游标卡尺

一、物理天平

天平是一种等臂杠杆，用来称量物体的质量。物理天平的外形与结构如实验图 1-1 所示，它的主要技术指标如下。

（1）最大称量　是指允许称量的最大质量。

（2）分度值　是指天平平衡时，使指针产生一小格的偏转在一端需加（或减）的最小质量，分度值的倒数称为**灵敏度**。分度值越小，天平的灵敏度越高。

物理天平的操作步骤如下。

（1）安装　从盒中取出横梁后，辨别横梁左边和右边的标记，通常左边标有"1"，右边标有"2"，挂钩和秤盘上也标有 1、2 字样，安装时，左右分清，不可弄错，要轻拿轻放，避免刀口受冲击。

（2）水平调节　调节底脚螺丝，使水准泡居中，以保证支柱铅直。有些天平是采用铅垂线和底柱准尖对齐来调节水平的。

（3）零点调节　先把游码拨到刻度"0"处，顺时针旋转制动旋钮，支起横梁，观察指针摆动，当指针指"0"或在标尺的"0"点左右做等幅摆动时，天平即平衡了。如不平衡，调节平衡螺母，使之平衡。

（4）称量　将待测物体放在左盘内，砝码加在右盘内，横梁上的游码用于 1g 以下的称量，当天平平衡时，

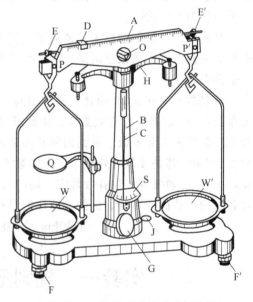

实验图 1-1　物理天平的外形与结构

A—横梁；B—支柱；C—指针；D—游码；

E,E′—平衡螺母；F,F′—底脚螺丝；

H—制动架；G—制动旋钮；J—水准泡；

O,P,P′—刀口；S—刻度尺；Q—托盘；

W,W′—秤盘

待测物体的质量就等于砝码的质量与游码所指值（包括估读的一位数字）之和。

（5）记录数据 每次称量完毕，应将制动旋钮逆时针旋转，放下横梁，再记下砝码和游码的读数。

使用天平应注意以下几点。

① 不允许用天平称量超过该天平最大称量的物体。

② 注意保护好刀口。在调节平衡螺母、取放物体、加减砝码、移动游码及不用天平时，必须放下横梁，制动天平，只有判断天平是否平衡时才支起横梁。天平使用完毕，应将秤盘摘离刀口。

③ 砝码应用镊子取放，请勿用手，用完随即放回砝码盒内。不同精度级别的天平配用不同等级的砝码，不能混淆。

二、游标卡尺

游标卡尺简称卡尺，是一种常用的测量长度的量具，它的外形与结构如实验图 1-2 所示。

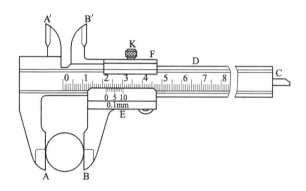

实验图 1-2 游标卡尺的外形与结构
A,B—钳口；A′,B′—刀口；C—尾尺；D—主尺；E—游标刻度；K—固定螺丝；F—副尺

游标卡尺主要由主尺和可以沿主尺滑动的副尺（游标尺）组成。钳口可用来测量物体的外部尺寸；刀口可用来测量管的内径的槽宽；尾尺可用来测量槽和小孔的深度。

主尺的最小分度为 1mm，副尺上刻有游标刻度，利用游标可以把主尺上的估读数准确地测量出来，以 10 分度游标为例，主尺的最小分度为 1mm，游标上 10 个小的等分刻度的总长度等于 9mm，因此游标上的每一小分度比主尺的最小分度相差 0.1mm。当钳口合在一起时，游标的零刻度线与主尺的零刻度线重合。若在钳口间卡一长度为 L 的物体，副尺对在主尺上的某一位置，如实验图 1-3 所示。物体长度 L 在毫米以上的整数部分 x 可以从游标"0"线所对主尺的位置直接读出；而毫米以下的部分 Δx，则可由游标读出，即找出游标上第几根刻线与主尺上刻线对得最齐。如实验图 1-3 所示，x 等于 21mm，游标上第 5 根刻线与主尺上刻线对得最齐，由图可知 Δx 等于 5×0.1mm，物体的长度为 21.5mm。如果游标上第 k 根刻线与主尺某刻线对得最齐，则 Δx 就是 $k \times 0.1$mm，则物体的长度为

$$L = (x + k \times 0.1)\text{mm}$$

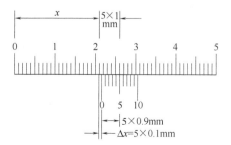

实验图 1-3 游标卡尺的读数

实　验　报　告

实验名称

实验目的

实验原理

实验器材

记录与计算

实验表 1-1

金 属 块			金属块体积 V/m³	金属块质量 m/kg	金属块的密度 ρ/kg·m⁻³
测量序次	直径 d/m	高 h/m			
1					
2					
3					
平均值					

该金属密度的公认值 $\rho_0 =$

百分误差 $E = \dfrac{|\rho - \rho_0|}{\rho_0} \times 100\% =$

实验人员

实验时间

实验二 测定物体的速度和加速度

实验目的

1. 学习使用气垫导轨和数字毫秒计。
2. 观察匀速直线运动和匀变速直线运动。
3. 测定匀速直线运动瞬时速度和匀变速直线运动的加速度。

实验原理

1. 物体沿一直线运动，如果在任意相等的时间内通过的位移都相等，这种运动就称为匀速直线运动。

2. 在摩擦阻力可忽略的情况下，物体沿斜面自由下滑的运动是匀变速直线运动，应有

$$v_2^2 = v_1^2 + 2as$$

测出初速度 v_1、末速度 v_2 和位移 s，即可计算出加速度 a。可以证明，在上述情况下，物体的加速度与斜面倾角有关，当倾角一定时，加速度为一恒量。

实验器材

气垫导轨，滑块，光电门，数字毫秒计，气源，垫块。

实验步骤

一、观察匀速直线运动 测定匀速直线运动的瞬时速度

1. 将光电门和数字毫秒计连起来，时基选择为 1ms 挡，功能选择开关置于 S_2 挡，接通数字毫秒计的电源开关，按下复位按钮（最好使用自动复位，否则每次显示后都要迅速按下复位按钮）。

2. 调整导轨为水平状态，方法如下，将 U 形遮光片装到滑块上，两光电门距离调为 0.6000m，接通气源开关。把滑块轻轻放在导轨上，用手推动滑块（不要用力过猛），使它在导轨上往复运动。观察滑块通过两光电门的时间 t_1 和 t_2，并反复调节导轨下面的单脚螺钉，直至 t_1 和 t_2 相等或仅末位上略有差异，即可认为导轨已调平。滑块每一次方向不变的运动均可看作是匀速直线运动。

3. 将 t_1 和 t_2 记录在实验表 2-1 中。滑块经过光电门的平均速度分别为

$$v_1 = \frac{l}{t_1} \qquad v_2 = \frac{l}{t_2}$$

式中，l 为遮光片的计时宽度。因为 l 很小，所以可以把 v_1 和 v_2 看成是滑块通过光电门时的瞬时速度，将其记录在实验表 2-1 中。显然 v_1 应近似等于 v_2。

二、测定匀变速直线运动的加速度

1. 在导轨一端的单脚螺钉下放置一块垫块，将两光电门分别放在导轨刻度尺的 30.00cm 和 60.00cm 处，接通气源开关。

2. 使滑块在导轨的垫高端自由下滑，记录滑块通过两光电门的时间 t_1 和 t_2 于实验表 2-2 中。

3. 位于 30.00cm 处的光电门 1 不动，将另一光电门 2 分别放在 70.00cm、80.00cm、90.00cm、100.00cm 处，重复步骤 2，将数据填入实验表 2-2 中。

4. 用公式 $a = \dfrac{v_2^2 - v_1^2}{2s}$ 计算出表中的 5 个加速度数值，并求出平均值。

5. 在单脚螺钉下再放置一块垫块，重复前面的实验，便可验证物体沿斜面自由下滑运动的加速度与斜面倾斜角度有关。斜面倾角越大，加速度越大。

注意事项

1. 未接通气源时，不得在导轨上放置滑块；取下滑块前不得关闭气源。

2. 取放滑块要细心，防止损坏轨面和滑块。

气垫导轨和数字毫秒计

一、气垫导轨

气垫导轨简称气轨，是一种力学实验装置，其结构如实验图 2-1 所示。

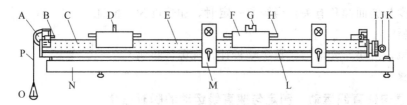

实验图 2-1　气垫导轨的结构

A—滑轮；B—缓冲弹簧；C—导轨；D—条形遮光片；E—气孔；F—滑块；G—开槽遮光片；

H—缓冲弹簧；I—进气管接口；J—进气管；K—单脚底脚螺丝；L—标尺；

M—光电门；N—支承梁；O—砝码；P—尼龙线

1. 导轨

导轨是一根长约为 1.5～2m 的平直铝管，截面呈三角形。一端封闭，另一端装有进气口，可向管腔送入压缩空气。在铝管相邻的两个侧面上，钻有两排等距离的喷气小孔，当导轨上的小孔喷出空气时，在导轨表面与滑块之间形成一层很薄的"气垫"，滑块即浮起，它将在导轨上做近似无摩擦的运动。

2. 滑块

滑块由长约 20cm 的角铝制成，其内表面和导轨的两个侧面均经过精密加工而严密吻合，根据实验需要，滑块两端可加装缓冲弹簧、尼龙搭扣（或橡皮泥），滑块上面可加装不同宽窄的遮光片。

3. 光电门

光电门主要由小灯泡（或红外线发射管）和光电二极管组成，可在导轨任意位置固定。它是利用光电二极管受光照和不受光照时的电压变化，产生电脉冲来控制计时器的"计"和"停"。光电门在导轨上的位置由它的定位标志指示。

二、数字毫秒计

数字毫秒计系光电式数字计时仪表，是一种比较精确的测时仪器，其分度值可达 0.1ms，最大量程为 99.99s。它是利用石英晶体振荡器及分频电路作为时间基准进行计时的，时间间隔直接用数码管显示出来。

数字毫秒计的面板如实验图 2-2 所示。使用方法如下。

1. 电源开关

扳向"开"表示电源接通，电源指示灯及各数码管全部点亮。

2. 控制选择开关

分"机控"和"光控"两挡。各有对应的机控插座和光控插座。

将选择开关置于"机控"挡，机控插头插入机控插座。当插头的两引出线接通时，毫秒计开始计数，

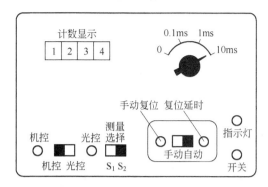

实验图 2-2　数字毫秒计的面板

断开时停止计数，所计时间是插头两引出线接通时间的长短。

将选择开关置于"光控"挡，与光电门相连的光控插头插入光控插座。由光电门上的遮光信号控制"计数"和"停止"。

3. 光控方式选择开关

分"S_1"和"S_2"两挡。

将选择开关置于"S_1"，毫秒计显示的是光电门的遮光时间。当与毫秒计连接的两个光电门中任何一只光电二极管被遮光时开始计时，遮光结束便停止计时。

将选择开关置于"S_2"，毫秒计显示的是两次相邻的遮光动作之间的时间。当两光电门中任一个被遮光时，开始计时，再遮挡两光电门中无论哪一只时，立即停止计时。

4. 时基选择开关

分"0.1ms"、"1ms"、"10ms"三挡，可根据测量需要选用。如显示数字 1234，选择开关置于"0.1ms"挡时，读作 123.4ms，其余类推。

5. 复位选择开关

分"手动"复位和"自动"复位两挡。它与"手动复位"按钮和"复位延时"旋钮配合作用。

6. 手动复位按钮

当复位选择开关置于"手动"时，不按此按钮，各次测量所得的时间累加，数码管显示累加值；按下手动复位按钮，数码管计数清除，全部显示"0"。

7. 复位延时旋钮

当复位选择开关置于"自动"时，调节复位延时旋钮，可控制数字显示时间，方便实验者读数和记录。延时时间为 0～3s。

实 验 报 告

实验名称

实验目的

实验原理

实验器材

记录与计算

实验表 2-1

遮光片计时宽度 $l=$ _____ m

实验序次	t_1/s	t_2/s	$v_1/(m/s)$	$v_2/(m/s)$
1				
2				
3				

实验表 2-2

遮光片计时宽度 $l=$ _____ m

s/m	t_1/s	t_2/s	$v_1/(m/s)$	$v_2/(m/s)$	$a/(m/s^2)$	$\overline{a}/(m/s^2)$
0.3000						
0.4000						
0.5000						
0.6000						
0.7000						

实验人员

实验时间

思　考　题

1. 在实验中，若 $t_1 < t_2$ 和 $t_1 > t_2$，分别表示导轨处于什么状态？为使导轨水平，各应如何调节单脚螺丝？

2. 为什么在步骤一、3. 中测出的速度可看作是瞬时速度？

3. 实验中为什么不用 $a = \dfrac{v_2 - v_1}{t}$ 来计算滑块的加速度？

实验三　验证牛顿第二定律

实验目的

1. 验证牛顿第二定律。

2. 熟练使用气垫导轨和数字毫秒计。

实验原理

在气垫导轨上，研究滑块的运动。当砝码的质量远小于滑块的质量时，可以认为牵引滑块的作用力近似等于砝码的重力；滑块的加速度则利用实验二的方法测出。保持滑块的质量不变，改变砝码的质量，即改变对滑块的牵引力，测出相应的加速度，可验证物体质量一定时，加速度与外力成正比。保持砝码不变，即牵引力不变，在滑块上加装不同的配重块，测出相应的加速度，可验证作用力一定时，加速度与物体质量成反比。

实验器材

气垫导轨，滑块，光电门，配重块，砝码，细线，数字毫秒计，气源，天平。

实验步骤

1. 用物理天平分别测出滑块和配重块的质量，记在实验表 3-1 和实验表 3-2 相应的位置上。

2. 接通气源开关和数字毫秒计开关。将两个光电门分别置于刻度尺的 170.00cm 和 110.00cm 位置。将导轨调为水平状态。

3. 取下滑块，用细线将它和砝码连起来。

4. 将滑块放在导轨上，细线绕过定滑轮，令滑块在刻度尺 170.00～200.00cm 间某固定位置，在细线牵引下，由静止开始运动，记录滑块经过两光电门的时间 t_1 和 t_2，重复两次，将数据填入实验表 3-1 中。

5. 改变砝码的质量，其余条件不变，重复步骤 4。

6. 利用所得数据计算 a_1 和 a_2，看它是否与作用力成正比。

7. 将步骤 5 的第二组数据填入实验表 3-2 中。

8. 将配重块加在滑块上，其他条件不变，重复步骤 4。将数据填入实验表 3-2 中。

9. 利用所得数据计算 a_1 和 a_2，看它是否与滑块的质量成反比。

实　验　报　告

实验名称

实验目的

实验原理

实验器材

记录与计算

实验表 3-1

位移 $s=$ _____ m，滑块质量 $m=$ _____ kg，遮光片计时宽度 $l=$ _____ m

砝码质量 m/kg	牵引力 F/N	t_1 /s	v_1 /(m/s)	$\bar{v}_1$ /(m/s)	t_2 /s	v_2 /(m/s)	$\bar{v}_2$ /(m/s)	a /(m/s²)
结论								

实验表 3-2

位移 $s=$ _____ m，牵引力 $F=$ _____ N，遮光片计时宽度 $l=$ _____ m

滑块质量 m/kg	t_1 /s	v_1 /(m/s)	$\bar{v}_1$ /(m/s)	t_2 /s	v_2 /(m/s)	$\bar{v}_2$ /(m/s)	a /(m/s²)
结论							

实验人员

实验时间

实验四 验证力的平行四边形定则

实验目的

验证两个互成角度的共点力合成时的平行四边形定则。

实验原理

根据力的平行四边形定则，两个互成角度的共点力的合力的大小和方向，可以用表示这两个力的线段为邻边所作的平行四边形的对角线来表示。通过实验分别求得分力和合力的大小，就可以对上述结论进行验证。

实验器材

方木板，白纸，弹簧秤（两个），橡皮条，结有绳套的细绳（两条），三角板，刻度尺，图钉（几个）。

实验步骤

1. 在桌上平放一块方木板，在方木板上铺一张白纸，用图钉把白纸钉在方木板上。

2. 用图钉把橡皮条的一端固定在板上的 A 点，在橡皮条的另一端拴上两条细绳，细绳的另一端系着绳套。

3. 用两个弹簧秤分别勾住绳套，互成角度地拉橡皮条，使橡皮条伸长，结点到达某一位置 O，如实验图 4-1 所示。

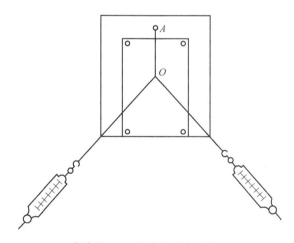

实验图 4-1 两个共点力的合成

4. 用铅笔记下 O 点的位置和两条细绳的方向，读出两个弹簧秤的示数。使用弹簧秤的时候，要注意使弹簧秤与木板平面平行。

5. 用铅笔和刻度尺在白纸上从 O 点沿着两条细绳的方向画直线，按着一定的标度作出两个力 F_1 和 F_2 的图示。用平行四边形定则求出合力 F。

6. 只用一个弹簧秤，通过细绳把橡皮条的结点拉到同样位置 O，读出弹簧秤的示数，记下细绳的方向，按同一标度作出这个力 F' 的图示。

7. 比较力 F' 与用平行四边形定则求得的合力 F 的大小和方向，看它们是否相等。

8. 改变两个分力的大小和夹角，再做两次实验。将数据填入实验表 4-1 中。

实 验 报 告

实验名称

实验目的

实验原理

实验器材

记录与结论

实验表 4-1

次数	F_1/N	F_2/N	F/N	F'/N	百分误差 /%
1					
2					
3					

实验人员

实验时间

思 考 题

1. 在本实验中，误差主要来源是什么？
2. "合力一定比分力大"，这句话对吗？为什么？

实验五　验证机械能守恒定律

实验目的

1. 验证机械能守恒定律。
2. 巩固气垫导轨和数字毫秒计的使用方法。

实验原理

如果摩擦阻力可忽略，那么物体沿斜面自由下滑时，只有重力做功，其机械能守恒，物体增加的动能应等于其减少的重力势能。如实验图 5-1 所示，当滑块从光电门 1 运动到光电门 2，其高度下降了 h，重力势能减少了 $-\Delta E_P = mgh$，动能增加了 $\Delta E_K = \dfrac{1}{2}mv_2^2 - \dfrac{1}{2}mv_1^2$ （式中 v_1 和 v_2 分别为滑块通过光电门 1 和 2 时的速度）。由实验图 5-1 可以看出，有 $\dfrac{h}{s} = \dfrac{H}{D}$，即 $h = \dfrac{Hs}{D}$。其中，H 为垫块厚度，s 为两光电门间的距离，D 为导轨单脚螺丝到连接两双脚螺丝的连线间的垂直距离。分别测出前述各量就可对机械能守恒定律进行验证。

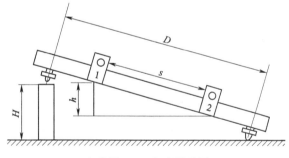

实验图 5-1　实验原理图

实验器材

气轨，滑块，光电门，数字毫秒计，气源，垫块，天平，游标卡尺，米尺。

实验步骤

1. 将数字毫秒计功能选择开关置于 S_2 挡（使用 U 形遮光片），接通气源开关和数字毫秒计电源开关，把导轨调为水平状态。
2. 在底脚螺丝下放置一块垫块，两光电门分别放在导轨刻度尺 30.0cm 和 60.0cm 处。
3. 使滑块从导轨垫高端自由下滑，记录滑块通过两光电门的时间 t_1 和 t_2，重复实验两次，将数据填入实验表 5-1 中。
4. 在底脚螺丝下放置两块垫块，重复步骤 3。
5. 用天平测出滑块质量 m，用游标卡尺和米尺分别测出 H 和 D 的值。
6. 利用所得的数据，计算出 ΔE_K 和 $-\Delta E_P$，并比较两者是否相等。

实 验 报 告

实验名称

实验目的

实验原理

实验器材

记录与计算

  滑块质量 $m=$ _____ kg，$D=$ _____ m，$s=$ _____ m，

  遮光片计时宽度 $l=$ _____ m，$g=$ _____ m/s^2

实验表 5-1

H/m	t_1/s	$v_1/(\text{m/s})$	t_2/s	$v_2/(\text{m/s})$	$\Delta E_K/\text{J}$	h/m	$-\Delta E_P/\text{J}$

实验人员

实验时间

思　考　题

1. 机械能守恒定律的适用条件是什么？
2. 实验中引起误差的原因可能有哪些？

实验六　单摆的研究及应用

实验目的

1. 研究单摆的振动周期。
2. 用单摆测重力加速度。

实验原理

在确定地点，用单摆的质量 m、振幅 A、摆长 l 三个物理量中的任意两个量而改变第三个量的方法，测定单摆的周期 T，以研究它们对单摆周期的影响；并验证在偏角不超过 $5°$ 情况下，T 与 $\sqrt{l}$ 的关系。

根据单摆的周期公式（偏角很小时）

$$T = 2\pi\sqrt{\dfrac{l}{g}}$$

有

$$g = \dfrac{4\pi^2}{T^2}l$$

只要测出单摆的周期和摆长，便可计算出当地的重力加速度 g。

实验器材

单摆（附质量不同、中间带孔的塑料球和钢球各一个），米尺，停表。

实验步骤

1. 把单摆放在实验桌的边缘，以塑料球作为摆球，调节摆长 l（从夹线口到小球球心的距离），使 $l=1.200\mathrm{m}$。

2. 使单摆在偏角不超过 $5°$ 的条件下以较小的振幅摆动，测出全振动 50 次所需时间。注意尽可能让小球在同一竖直面内摆动。

3. 使单摆在偏角不超过 $5°$ 的条件下以较大的振幅摆动，测出全振动 50 次所需时间。

4. 将塑料球换成钢球，重复步骤 2、3。

5. 摆球仍为钢球，摆长改为 $0.300\mathrm{m}$，使单摆在偏角不超过 $5°$ 的条件下以较小的振幅摆动，测出全振动的 50 次所需时间。

将以上数据依次填入实验表 6-1 中。

实 验 报 告

实验名称

实验目的

实验原理

实验器材

记录与计算

实验表 6-1

次数	摆球质量	振幅	摆长 l/m	全振动 50 次时间/s	周期 T/s	重力加速度 /m·s^{-2}	重力加速度平均值 /m·s^{-2}
1	塑料球(小)	小	1.200				
2	塑料球(小)	大	1.200				
3	钢球(大)	小	1.200				
4	钢球(大)	大	1.200				
5	钢球(大)	小	0.300				

实验人员

实验时间

思 考 题

1. 利用实验表 6-1 中 1 和 2、3 和 4 的结果，说明振幅与周期的关系。

2. 利用实验表 6-1 中 1 和 3、2 和 4 的结果，说明质量与周期的关系。

3. 利用实验表 6-1 中 3 和 5 的结果，说明周期与摆长的关系。

实验七　探索弹力和弹簧伸长的关系

实验目的

探索弹力与弹簧伸长的定量关系，并学习所用的科学方法。

实验原理

弹簧受到拉力会伸长，平衡时弹簧产生的弹力和外力大小相等。弹簧伸长越大，弹力也就越大。根据胡克定律，在弹性限度内，弹簧弹力的大小跟弹簧的伸长（或缩短）成正比。通过实验分别求得弹簧弹力的大小和弹簧伸长的长度，就可以找出二者的定量关系，并验证胡克定律。

实验器材

砝码（几个），刻度尺，坐标纸。

实验步骤

实验时，用悬挂砝码的方法给弹簧施加拉力，用刻度尺测量弹簧的伸长或总长。拉力不要太大，以免弹簧被过分拉伸，超出它的弹性限度。

1. 测出弹簧的伸长 x（或总长）及所受的拉力大小 F（或所挂砝码的质量），将数据填入实验表 7-1 中。要尽可能多测几组数据。

2. 根据所测数据在坐标纸上描点。最好以力为纵坐标，以弹簧的伸长为横坐标。

3. 按照图中各点的分布与走向，尝试作出一条平滑的曲线（包括直线）。所画的点不一定正好在这条曲线上，但要注意使曲线两侧的点数大致相同。

4. 以弹簧的伸长为自变量，写出曲线所代表的函数。

5. 解释函数表达式中常数的物理意义。

实　验　报　告

实验名称

实验目的

实验原理

实验器材

记录与结论

实验表 7-1

次数	x/m	F/N	次数	x/m	F/N
1			6		
2			7		
3			8		
4			9		
5			10		

实验人员

实验时间

思 考 题

1. 如果以弹簧的总长为自变量，写出的函数式会有什么不同？

2. 如果弹簧伸长的单位用米，弹力的单位用牛，函数表达式中常数的单位是什么？

部分习题参考答案

第一章

1-2　1-2-2　$\dfrac{\pi R}{2}$，$\sqrt{2}R$；πR，$2R$；$2\pi R$，0

1-3　1-3-3　15m/s　1-3-5　（1）匀速直线运动，4m/s，6m/s；（2）40m

1-4　1-4-3　1.5m/s，2.5m/s　1-4-4　52.4km/h

1-5　1-5-2　-1.6m/s^2　1-5-3　0.1m/s^2

1-6　1-6-1　80m/s　1-6-2　25s　1-6-3　16m/s

1-7　1-7-1　40m　1-7-2　300m　1-7-3　43.2km/h，12m

　　　1-7-4　25s　1-7-5　900m，-0.125m/s^2

1-8　1-8-1　（1）2s；（2）20m/s　1-8-2　19.6m　1-8-3　122.5m，5s

　　　1-8-4　73.5m，3s

*1-9　1-9-1　$1.6\times10^2\text{m/s}$　1-9-2　60m　1-9-3　0.78m

第二章

2-2　2-2-4　200N/m

2-3　2-3-3　200N，0.4，100N

2-4　2-4-3　150N，方向与90N力的夹角为53°　2-4-4　0N

2-5　2-5-1　350N，606N　2-5-2　12.5N，7.5N　2-5-3　250N

2-7　2-7-2　800N，方向竖直向上　2-7-3　$1.62\times10^3\text{N}$　*2-7-4　173N，488N

*2-8　2-8-1　225N·m　2-8-2　600N　*2-8-3　560N

第三章

3-2　3-2-2　6N　3-2-3　3

　　　3-2-4　（1）10m/s^2，方向水平向右；（2）20m/s^2，方向水平向右；（3）3m/s^2，方向水平向左；（4）0

3-4　3-4-1　50s，250m　3-4-2　$2.0\times10^3\text{N}$　3-4-3　216N　3-4-4　钢丝绳不会断裂

*3-6　3-6-3　人的动量大

　　　3-6-4　（1）100kg·m/s；（2）-20kg·m/s；（3）-120N·s；（4）30N，方向与初速度方向相反

*3-7　3-7-2　0.9

　　　3-7-3　88m/s，83m/s

3-8　3-8-1　8m/s^2，24N　3-8-3　7440N

3-10 3-10-2 3.34×10^{-3}N，重力分别是万有引力的 1.47×10^{11} 倍和 2.93×10^{11} 倍

3-10-3 5.93×10^{24}kg 3-10-4 16.3km/s

第四章

4-1 4-1-2 3.43×10^{4}J，-3.43×10^{-4}J 4-1-3 3×10^{5}J

4-2 4-2-1 400J，200W，400W 4-2-2 0.05m/s

4-2-3 3000W，5.4×10^{6}J

4-3 4-3-3 1.04×10^{11}J 4-3-4 8.0×10^{3}J，8.0×10^{3}N 4-3-5 2.4×10^{7}J

4-4 4-4-3 384J，384J 4-4-4 1 470J，1 470J

4-5 4-5-3 9.8m 4-5-4 25m/s

* 第五章

5-1 5-1-2 (1) 10cm；(2) 0.5s，2Hz；(3) A 位置

5-2 5-2-2 9.775m/s^2

5-3 5-3-3 6.0m/s

5-5 5-5-2 100Hz，0.01s，0.1m 5-5-3 0.4s

第六章

6-1 6-1-3 2.5×10^{-10}m

6-3 6-3-4 -1.5×10^{5}J 6-3-5 690J

* 第七章

7-1 7-1-1 3.0×10^{6}Pa，2.28×10^{4}mmHg 7-1-2 298K

7-1-3 76cmHg，86cmHg，66cmHg

7-2 7-2-1 200L 7-2-2 0.012m^3 7-2-3 409.5℃（682.5K）

7-3 7-3-1 100atm 7-3-2 800K 7-3-3 189L

复习题参考答案

第一章

一、判断题

×，×，√，×，×，*√，*√

二、选择题

D，D，C，A，B

三、填空题

1. 1000π，0，0

2. 0，相同，9.8m/s^2，竖直向下

3. （1）匀速直线，初速度等于零的匀加速直线；　（2）20；　（3）0，0.25m/s^2；（4）200m，200m，0

四、计算题

1. 25.5m

2. 50s，0.2m/s^2

3. 105m

第二章

一、判断题

√，√，√，×，×

二、选择题

D，B，C，D，B

三、填空题

1. 改变物体的运动状态或使物体发生形变

2. 相对运动趋势，相对运动

3. 相同，相反

4. 100N，0

5. 196N，98N，170N

四、计算题

1. 400N，方向竖直向下

2. $\dfrac{mg}{\cos\alpha}$，$mg\tan\alpha$

*3. $6.0\times10^4\text{N}$

第三章

一、判断题

×，√，×，*√，√，×

二、选择题

B，B，B，C，＊D，＊A，B

三、填空题

1. 1.45×10⁴

2. 2.5

3. 1∶1

＊4. 500kg·m/s，向西

＊5. −2mv

6. $mg-m\dfrac{v^2}{R}$

四、计算题

1. 25s，1.6×10⁴N

2. 12m/s

＊3. 175m/s，方向与手榴弹原来的运动方向相反

第四章

一、判断题

×，√，√，√，×

二、选择题

C，C，B，A

三、填空题

1. −2.0×10³J，1.0×10³W

2. 128J

3. 只有重力或弹力做功

4. 减少，增加

四、计算题

1. 4.0N

2. 4m

＊第五章

一、判断题

×，√，√，√，×

二、选择题

C，B，B，D

三、填空题

1. $\dfrac{1}{2\pi}\sqrt{\dfrac{k}{m}}$

2. 波源，弹性介质

3. 质点的振动方向与波的传播方向互相垂直；质点的振动方向与波的传播方向在同一直线上

4. 平衡位置

四、计算题

1. 731m

2. $1.6×10^5$m

3. 0.36s，2.8Hz

第六章

一、判断题

×，×，√，×，√

二、选择题

D，D，C

三、填空题

1. 无规则，距离

2. 做功，热传递

四、计算题

1. 外界对气体做功，200J

2. $3.1×10^5$J，增加

*第七章

一、判断题

×，√，√，×，√

二、选择题

C，B，B

三、填空题

1. $1.0×10^6$，760

2. 243

四、计算题

1. 32atm

2. 0.0151L

3. 533K

自测题参考答案

第一章

一、×，√，√，×，×

二、B，A，C，D，D，C

三、1. 能，不能 2. 起始，终止 3. 方向，矢，位移，运动 4. 10，54 5. 500，100，向北 6. 匀变速直线 7. 0，匀加速 *8. 1∶1，3∶1

四、1. 4s，160m 2. 39.2m/s，4s

第二章

一、×，×，√，√，√

二、C，D，D，A，C

三、1. 大小，方向，作用点 2. 500 3. 25 4. $mg\sin\theta$，$mg\cos\theta$ 5. 5，竖直向下 *6. 15，0，7.5

四、1. 60N，104N 2. 重力：$G=mg$。支持力：$N=mg\cos\alpha$。摩擦力：$f=mg\sin\alpha$。动摩擦因数 $\mu=\tan\alpha$

第三章

一、×，×，√，√，×，×，√，√，√，×

二、D，A，C，B，D，C，A，C，B，B

三、1. 静止或匀速直线运动，惯性，惯性 2. 米（m），秒（s），千克（kg），米/秒（m/s），米/秒²（m/s²），牛（N） 3. 水平向右，5m/s² *4. 5 *5. 2mv *6. 0 7.3600

四、1. 2m/s²，20N，0.1 2. 58m 3. 0.5m，$\frac{\pi}{3}$s *4. 1.5m/s

第四章

一、√，×，√，×，√

二、D，B，B，A，D，C

三、1. 50，−15，15 2. 3000 3. 40 4. 140，−60，200

四、1. 2.5×10^{3}J，5.0×10^{2}J 2. 4.2m/s

*第五章

一、×，×，√，√，×

二、A，D，B，D，C

三、1. 0，大，大，0 2. 2∶1，1∶16 3. 驱动力，固有 4. 驱动力的频率等于振动系统的固有频率 5. 机械振动在弹性介质中的传播

四、1. 0.40N/m 2. 0.5m

第六章

一、×，√，√，√，×

二、D，D，C，B，A

三、1. 分子间有空隙 2. 排斥力 3. 吸引力 4. 高，组成物体的分子总是不停地做无规则运动 5. 温度，体积

四、1. 气体对外界散热，$4.0×10^2$J * 2. 900J

* 第七章

一、√，×，√，×，√

二、C，A，A，D

三、1. 压强、温度、体积 2. 310 3. $2.0×10^5$ 4. 热力学温度，体积，体积

四、1. 75cmHg 2. 375K

典型习题和复习题中计算题解答

第一章

典型习题

1-4-3　已知 $t_1=1\text{s}$，$s_1=1.0\text{m}$，$t_2=1\text{s}$，$s_2=2.0\text{m}$，$t_3=1\text{s}$，$s_3=3.0\text{m}$。

求 $\overline{v_{12}}$，$\overline{v_{23}}$。

解　由 $\overline{v}=\dfrac{s}{t}$ 得

$$\overline{v_{12}}=\frac{s_1+s_2}{t_1+t_2}=\frac{1.0+2.0}{1+1}=1.5(\text{m/s})$$

$$\overline{v_{23}}=\frac{s_2+s_3}{t_2+t_3}=\frac{2.0+3.0}{1+1}=2.5\ (\text{m/s})$$

答：在最初 2s 和最后 2s 内的平均速度分别是 1.5m/s 和 2.5m/s。

1-4-4　已知 $v_1=60\text{km/h}$，$t_1=0.52\text{h}$，$v_2=30\text{km/h}$，$t_2=0.24\text{h}$，$v_3=0$，$t_3=0.04\text{h}$，$v_4=70\text{km/h}$，$t_4=0.20\text{h}$。

求 $\overline{v}$。

解　由 $s=vt$ 和 $\overline{v}=\dfrac{s}{t}$ 得

$$\overline{v}=\frac{s_1+s_2+s_3+s_4}{t_1+t_2+t_3+t_4}=\frac{v_1t_1+v_2t_2+v_3t_3+v_4t_4}{t_1+t_2+t_3+t_4}$$

$$=\frac{60\times0.52+30\times0.24+0\times0.04+70\times0.20}{0.52+0.24+0.04+0.20}=52.4\ (\text{km/h})$$

答：火车在整个运动过程中的平均速度为 52.4km/h。

1-5-2　已知 $v_0=24\text{m/s}$，$t=15\text{s}$，$v_t=0$。

求 a。

解　由 $a=\dfrac{v_t-v_0}{t}$ 得

$$a=\frac{0-24}{15}=-1.6(\text{m/s}^2)$$

答：汽车的加速度大小为 1.6m/s²，加速度的方向与汽车初速度方向相反。

1-5-3　已知 $t=50\text{s}$，$v_0=36\text{km/h}=10\text{m/s}$，$v_t=54\text{km/h}=15\text{m/s}$。

求 a。

解　由 $a=\dfrac{v_t-v_0}{t}$ 得

$$a = \frac{15-10}{50} = 0.10(\text{m/s}^2)$$

答：火车的加速度大小为 0.10m/s^2，加速度的方向与火车初速度方向相同。

1-6-1 已知 $a = 4.0\text{m/s}^2$，$t = 20\text{s}$，$v_0 = 0$。

求 v_t。

解 由 $v_t = v_0 + at$ 得

$$v_t = 0 + 4.0 \times 20 = 80(\text{m/s})$$

答：飞机起飞速度为 80m/s。

1-6-3 已知 $a = -8.0\text{m/s}^2$，$t = 2.0\text{s}$，$v_t = 0$。

求 v_0。

解 由 $v_t = v_0 + at$ 得

$$v_0 = v_t - at = 0 - (-8.0) \times 2.0 = 16(\text{m/s})$$

答：汽车刹车前的速度是 16m/s。

1-7-3 已知 $a = -6.0\text{m/s}^2$，$t = 2.0\text{s}$，$v_t = 0$。

求 v_0，s。

解 由 $v_t = v_0 + at$ 得

$$v_0 = v_t - at = 0 - (-6.0) \times 2.0 = 12(\text{m/s}) = 43.2(\text{km/h})$$

由 $v_t^2 - v_0^2 = 2as$ 得

$$s = \frac{v_t^2 - v_0^2}{2a} = \frac{0^2 - 12^2}{2 \times (-6.0)} = 12(\text{m})$$

答：汽车行驶的最大速度不能超过 43.2km/h，刹车后汽车滑行 12m。

1-7-4 已知 $s = 85\text{m}$，$v_0 = 1.8\text{m/s}$，$v_t = 5.0\text{m/s}$。

求 t。

解 ［方法一］ 由 $v_t^2 - v_0^2 = 2as$ 得

$$a = \frac{v_t^2 - v_0^2}{2s} = \frac{5.0^2 - 1.8^2}{2 \times 85} = 0.128(\text{m/s}^2)$$

由 $v_t = v_0 + at$ 得

$$t = \frac{v_t - v_0}{a} = \frac{5.0 - 1.8}{0.128} = 25(\text{s})$$

［方法二］ 由 $\bar{v} = \frac{v_0 + v_t}{2}$ 得

$$\bar{v} = \frac{1.8 + 5.0}{2} = 3.4(\text{m/s})$$

由 $\bar{v} = \frac{s}{t}$ 得

$$t = \frac{s}{\bar{v}} = \frac{85}{3.4} = 25(\text{s})$$

答：滑雪者通过这段山坡需要 25s。

1-7-5 已知 $v_0 = 15\text{m/s}$，$t = 2\text{min} = 120\text{s}$，$v_t = 0$。

求 s，a。

解 由 $\overline{v}=\dfrac{v_0+v_t}{2}$ 得

$$\overline{v}=\frac{15+0}{2}=7.5(\mathrm{m/s})$$

由 $\overline{v}=\dfrac{s}{t}$ 得

$$s=\overline{v}t=7.5\times120=900(\mathrm{m})$$

由 $a=\dfrac{v_t-v_0}{t}$ 得

$$a=\frac{0-15}{120}=-0.125(\mathrm{m/s^2})$$

答：火车从开始减速到停止这段时间内的位移是 $900\mathrm{m}$，加速度大小为 $0.125\mathrm{m/s^2}$，加速度方向与火车的速度方向相反。

1-8-3 已知 $v_t=49\mathrm{m/s}$，$g=9.8\mathrm{m/s^2}$。

求 h，t。

解 由 $v_t^2=2gh$ 得

$$h=\frac{v_t^2}{2g}=\frac{49^2}{2\times9.8}=122.5(\mathrm{m})$$

由 $v_t=gt$ 得

$$t=\frac{v_t}{g}=\frac{49}{9.8}=5.0(\mathrm{s})$$

答：物体开始下落处距地面的高度为 $122.5\mathrm{m}$，它落到地面所需时间为 $5.0\mathrm{s}$。

1-8-4 已知 $v_0=9.8\mathrm{m/s}$，$v_t=39.2\mathrm{m/s}$，$a=g=9.8\mathrm{m/s^2}$。

求 s，t。

解 由 $v_t^2-v_0^2=2as$ 得

$$s=\frac{v_t^2-v_0^2}{2a}=\frac{39.2^2-9.8^2}{2\times9.8}=73.5(\mathrm{m})$$

由 $v_t=v_0+at$ 得

$$t=\frac{v_t-v_0}{a}=\frac{39.2-9.8}{9.8}=3.0(\mathrm{s})$$

答：这两点间的距离为 $73.5\mathrm{m}$，物体经过这段距离所用的时间为 $3.0\mathrm{s}$。

1-9-1 已知 $h=2.0\times10^3\mathrm{m}$，$s=3.2\times10^3\mathrm{m}$，$g=10\mathrm{m/s^2}$。

求 v_0。

解 由 $h=\dfrac{1}{2}gt^2$ 得

$$t=\sqrt{\frac{2h}{g}}=\sqrt{\frac{2\times2.0\times10^3}{10}}=20(\mathrm{s})$$

由 $s=v_0t$ 得

$$v_0=\frac{s}{t}=\frac{3.2\times10^3}{20}=1.6\times10^2(\mathrm{m/s})$$

答：飞机的速度是 $1.6\times10^2\mathrm{m/s}$。

1-9-3　已知 $v_0 = 6.2 \times 10^2 \text{m/s}$，$s = 2.5 \times 10^2 \text{m}$，$g = 9.8 \text{m/s}^2$。

求 h。

解　由 $s = v_0 t$ 得

$$t = \frac{s}{v_0} = \frac{2.5 \times 10^2}{6.2 \times 10^2} \approx 0.40 (\text{s})$$

由 $h = \frac{1}{2} g t^2$ 得

$$h = \frac{1}{2} \times 9.8 \times 0.40^2 \approx 0.78 (\text{m})$$

答：子弹的高度降低了 0.78m。

复习题

四、计算题

1. 已知 $v_0 = 0$，$t_1 = 3\text{s}$，$v_{t_1} = v_{t_2} = 3.0 \text{m/s}$，$t_2 = 6.0 \text{s}$，$t_3 = 2.0 \text{s}$，$v_{t_3} = 0$。

求 h。

解　[方法一]

由 $\bar{v} = \frac{v_0 + v_t}{2}$，$\bar{v} = \frac{s}{t}$ 得

$$h_1 = \bar{v_1} t_1 = \frac{0+3}{2} \times 3.0 = 4.5 (\text{m})$$

$$h_2 = v_{t_2} t_2 = 3 \times 6.0 = 18.0 (\text{m})$$

$$h_3 = \bar{v_3} t_3 = \frac{3+0}{2} \times 2.0 = 3.0 (\text{m})$$

所以矿井的深度

$$h = h_1 + h_2 + h_3 = 4.5 + 18.0 + 3.0 = 25.5 (\text{m})$$

[方法二]

由题意知：$t_0 = 0$，$v_0 = 0$；$t_1 = 3.0 \text{s}$，$v_{t_1} = 3.0 \text{m/s}$；$t_2 = 3.0 + 6.0 = 9.0 \text{s}$，$v_{t_2} = 3.0 \text{m/s}$；$t_3 = 3.0 + 6.0 + 2.0 = 11.0 \text{s}$，$v_{t_3} = 0$。因此可列出下表：

t/s	0	3.0	9.0	11.0
$v/(\text{m/s})$	0	3.0	3.0	0

描点，连线，即可得到升降机运动的 v-t 图像，如图所示：

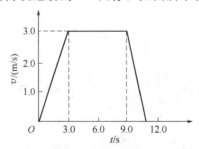

因为位移大小在数值上等于 v-t 图像与时间轴所围成图形的面积，所以矿井的深度在数值上等于梯形的面积，即

$$h = \frac{(9.0-3.0)+11.0}{2} \times 3.0 = 25.5 \, (\text{m})$$

答：矿井的深度为 25.5m。

2. 已知 $v_0 = 5\text{m/s}$，$s = 500\text{m}$，$v_t = 15\text{m/s}$。

求 t，a。

解　[方法一]

由 $\bar{v} = \dfrac{v_0 + v_t}{2}$ 得

$$\bar{v} = \frac{5+15}{2} = 10 \, (\text{m/s})$$

由 $\bar{v} = \dfrac{s}{t}$ 得

$$t = \frac{s}{\bar{v}} = \frac{500}{10} = 50 \, (\text{s})$$

由 $a = \dfrac{v_t - v_0}{t}$ 得

$$a = \frac{15-5}{50} = 0.2 \, (\text{m/s}^2)$$

[方法二]

由 $v_t^2 - v_0^2 = 2as$ 得

$$a = \frac{v_t^2 - v_0^2}{2s} = \frac{15^2 - 5^2}{2 \times 500} = 0.2 \, (\text{m/s}^2)$$

由 $a = \dfrac{v_t - v_0}{t}$ 得

$$t = \frac{v_t - v_0}{a} = \frac{15-5}{0.2} = 50 \, (\text{s})$$

答：火车加速的时间为 50s，火车运动的加速度为 0.2m/s^2。

3. 已知 $v_0 = 20\text{m/s}$，$v_t = 50\text{m/s}$，$a = g = 10\text{m/s}^2$。

求 s。

解　由 $v_t^2 - v_0^2 = 2as$ 得

$$s = \frac{v_t^2 - v_0^2}{2a} = \frac{50^2 - 20^2}{2 \times 10} = 105 \, (\text{m})$$

答：A、B 两点间的距离为 105m。

第二章

典型习题

2-2-4　已知 $x = 18\text{cm} - 15\text{cm} = 3\text{cm} = 3 \times 10^{-2}\text{m}$，$F = G = 6.0\text{N}$。

求 k。

解　由 $F = kx$ 得

$$k = \frac{F}{x} = \frac{6.0}{3 \times 10^{-2}} = 2 \times 10^2 \, (\text{N/m})$$

答：这根弹簧的劲度系数 $2\times10^2\,\mathrm{N/m}$。

2-3-3 已知 $G=400\mathrm{N}$，$F_1=200\mathrm{N}$，$F_2=160\mathrm{N}$，$F_3=100\mathrm{N}$。

求 f_1，μ，f_3。

解 由题意知：桌子受的最大静摩擦力 $f_1=F_1=200\mathrm{N}$

桌子匀速运动时 $f_2=F_2=160\mathrm{N}$

由 $f=\mu N$，$N=G=400\mathrm{N}$ 得

$$\mu=\frac{f_2}{N}=\frac{160}{400}=0.4$$

桌子受 100N 的力作用时，桌子是静止的，所以

$$f_3=F_3=100\mathrm{N}$$

答：最大静摩擦力为 200N，动摩擦因数为 0.4，桌子受 100N 的力作用时，静摩擦力为 100N。

2-5-2 已知 $G=10\mathrm{N}$，$\theta=37°$。

求 F_1，F_2。

解 由题意知：AO 绳、BO 绳受的拉力大小分别等于电灯的重力 G 的两个分力 F_1、F_2，如图所示。

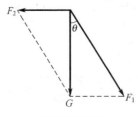

解题 2-5-2 图

由 $\cos\theta=\dfrac{G}{F_1}$ 得

$$F_1=\frac{G}{\cos\theta}=\frac{10}{\cos37°}\approx12.5(\mathrm{N})$$

由 $\tan\theta=\dfrac{F_2}{G}$ 得

$$F_1=G\tan\theta=10\tan37°\approx7.5(\mathrm{N})$$

答：AO 绳、BO 绳分别受的拉力大小为 12.5N、7.5N。

2-5-3 已知 $F_1=200\mathrm{N}$，$F=150\mathrm{N}$。

求 F_2。

解 由题意知：F_1、F_2、F 的关系如图所示。

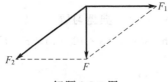

解题 2-5-3 图

由勾股定理得 $F_2^2=F_1^2+F^2$ 即

$$F_2 = \sqrt{F_1^2 + F^2} = \sqrt{200^2 + 150^2} = 250(\text{N})$$

答：拉线的拉力大小为 250N。

2-7-2 已知 $G = 800\text{N}$。

求 f。

解 伞兵连同装备共受两个力作用：重力 G 和空气阻力 f，如图所示。

解题 2-7-2 图

由两力平衡条件得

$$f = G = 800\text{N}$$

f 方向与 G 方向相反，即竖直向上。

答：伞兵连同装备受到的空气阻力为 800N，阻力方向竖直向上。

2-7-3 已知 $G = 6.0 \times 10^4\text{N}$，$\mu = 0.027$。

求 F。

解 雪橇和货物的受力分析如图所示。由题意知：雪橇和货物对冰面的正压力大小为
$N = G = 6.0 \times 10^4\text{N}$

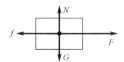

解题 2-7-3 图

因为马拉雪橇匀速前进，所以马对雪橇的水平拉力

$$F = f = \mu N = 0.027 \times 6.0 \times 10^4 = 1.62 \times 10^3(\text{N})$$

答：马拉雪橇的水平拉力 $1.62 \times 10^3\text{N}$。

* 2-7-4 已知 $m = 60\text{kg}$，$F = 200\text{N}$，$\theta = 30°$，$g = 9.8\text{m/s}^2$。

求 f，N。

解 木箱的受力分析如图所示

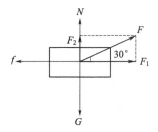

解题 2-7-4 图

将拉力 F 分解为两个分力 F_1、F_2，由平衡条件知

$$f=F_1 \quad N+F_2=G$$

即 $f=F\cos\theta=200\cos30°\approx173$（N）

$$N=G-F_2=mg-F\sin\theta=60\times9.8-200\sin30°=488(N)$$

答：木箱受到的摩擦阻力为 173N，支持力为 488N。

* 2-8-3

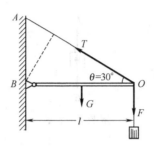

解题 2-8-3 图

已知 $F=G_1=240N$，$G=80N$，$\theta=30°$。

求 T。

解　如解题 2-8-3 图所示，横梁 BO 是有固定转动轴的物体，使它发生转动的力矩有三个，分别为：

$$M_1=Fl=G_1l \quad M_2=G\frac{l}{2}=\frac{Gl}{2} \quad M_3=Tl\sin\theta$$

M_3 使横梁向逆时针方向转动，M_1 和 M_2 分别使横梁向顺时针方向转动，由力矩的平衡条件知：

$$M_1+M_2=M_3$$

即 $G_1l+\dfrac{Gl}{2}=Tl\sin\theta$，所以

$$T=\frac{G_1+\dfrac{G}{2}}{\sin\theta}=\frac{240+\dfrac{80}{2}}{\sin30°}=560(N)$$

答：钢绳对横梁的拉力大小为 560N。

复习题

四、计算题

1. 已知 $F_1=300N$，$F_2=500N$。

求 F。

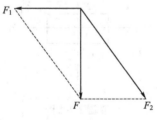

第 1 题图

解　如第 1 题图所示，由题意知：两个拉力的合力 F 的方向竖直向下。由平行四边形定则和勾股定理得

$$F=\sqrt{F_2^2-F_1^2}=\sqrt{500^2-300^2}=400(\text{N})$$

答：两个拉力的合力大小是 400N，方向竖直向下。

2. 已知 m，α。

求 F，N。

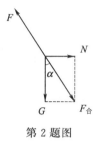

第 2 题图

解　如第 2 题图所示，足球受三个共点力作用而处于平衡状态，由平衡条件知，F 与 $F_合$ 大小相等，方向相反。

由 $\tan\alpha=\dfrac{N}{G}$ 得

$$N=G\tan\alpha=mg\tan\alpha$$

由 $\cos\alpha=\dfrac{G}{F_合}$ 得

$$F=F_合=\dfrac{G}{\cos\alpha}=\dfrac{mg}{\cos\alpha}$$

答：悬绳对球的拉力大小为 $\dfrac{mg}{\cos\alpha}$，墙壁对球的支持力大小为 $mg\tan\alpha$。

* 3. 已知 $G_1=4.2\times10^5\text{N}$，$G_2=2.0\times10^4\text{N}$，$L_1=1\text{m}$，$L_2=3\text{m}$，$L=3\text{m}+3\text{m}=6\text{m}$。

求 G。

解　如第 3 题图所示，由有固定转轴的物体的平衡条件得

$$G_1L_1=G_2L_2+GL$$

所以　　$G=\dfrac{G_1L_1-G_2L_2}{L}=\dfrac{4.2\times10^5\times1-2.0\times10^4\times3}{6}=6.0\times10^4(\text{N})$

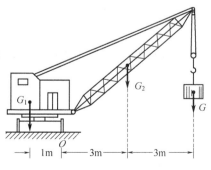

第 3 题图

答：起重机至多能提起 $6.0 \times 10^4 \mathrm{N}$ 的货物。

第三章

典型习题

3-2-3 已知 $a_1 = 1.5 \mathrm{m/s^2}$，$a_2 = 4.5 \mathrm{m/s^2}$。

求 $\dfrac{m_1}{m_2}$。

解 由 $F = ma$ 知，F 一定时 $m_1 a_1 = m_2 a_2$，所以

$$\frac{m_1}{m_2} = \frac{a_2}{a_1} = \frac{4.5}{1.5} = 3$$

答：甲车的质量是乙车质量的 3 倍。

3-4-1 已知 $m = 4.0 \times 10^3 \mathrm{kg}$，$v_0 = 0$，$F = 1.6 \times 10^3 \mathrm{N}$，$f = 8.0 \times 10^2 \mathrm{N}$，$v_t = 10 \mathrm{m/s}$。

求 t，s。

解 选取汽车为研究对象，受力分析如图所示，规定汽车向前运动的方向为正方向。

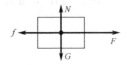

解题 3-4-1 图

由 $F_{合} = ma$ 得 $F - f = ma$，所以

$$a = \frac{F - f}{m} = \frac{1.6 \times 10^3 - 8.0 \times 10^2}{4.0 \times 10^3} = 2.0 \times 10^{-1} (\mathrm{m/s^2})$$

由 $v_t = v_0 + at$ 得

$$t = \frac{v_t - v_0}{a} = \frac{10 - 0}{2.0 \times 10^{-1}} = 50(\mathrm{s})$$

由 $s = v_0 t + \dfrac{1}{2} at^2$ 得

$$s = 0 \times 50 + \frac{1}{2} \times 2.0 \times 10^{-1} \times 50^2 = 2.5 \times 10^2 (\mathrm{m})$$

答：汽车开动后速度达到 $10 \mathrm{m/s}$ 所需时间为 $50 \mathrm{s}$，在这段时间内汽车通过的位移为 $2.5 \times 10^2 \mathrm{m}$。

3-4-2 已知 $m = 3.0 \times 10^3 \mathrm{kg}$，$v_0 = 20 \mathrm{m/s}$，$t = 30 \mathrm{s}$，$v_t = 0$。

求 f。

解 选汽车为研究对象，受力分析如图所示，规定汽车向前运动的方向为正方向。

由 $v_t = v_0 + at$ 得

$$a = \frac{v_t - v_0}{t} = \frac{0 - 20}{30} = -\frac{2}{3} (\mathrm{m/s^2})$$

由 $F_{合} = ma$ 得 $-f = ma$，所以

$$f = -ma = -3.0 \times 10^3 \times \left(-\frac{2}{3}\right) = 2.0 \times 10^3 (\mathrm{N})$$

答：汽车受的阻力为 $2.0 \times 10^3 \mathrm{N}$。

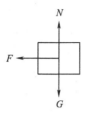

解题 3-4-2 图

3-4-3 已知 $v_0=0$，$t=2.0\text{s}$，$s=2.6\text{m}$，$\theta=30°$，$m=60\text{kg}$。
求 f。

解 以滑雪运动员为研究对象，受力情况如图所示。

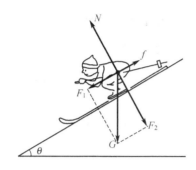

解题 3-4-3 图

将重力 G 沿山坡方向和垂直于山坡的方向分解，得
$$F_1=G\sin\theta=mg\sin\theta \qquad F_2=G\cos\theta=mg\cos\theta$$
规定滑雪运动员沿山坡下滑的方向为正方向

由 $s=v_0t+\dfrac{1}{2}at^2$ 得

$$a=\frac{2(s-v_0t)}{t^2}=\frac{2(2.6-0\times2.0)}{2.0^2}=1.3(\text{m/s}^2)$$

由 $F_合=ma$ 得 $F_1-f=ma$，所以
$$f=F_1-ma=mg\sin\theta-ma=60(9.8\sin30°-1.3)=216(\text{N})$$
答：滑雪运动员滑下时所受到的摩擦力为 216N。

* 3-6-4 已知 $m=10\text{kg}$，$v_0=10\text{m/s}$，$t=4.0\text{s}$，$v_t=-2.0\text{m/s}$。
求 (1) P_0；(2) P_t；(3) I；(4) F。

解 由 $P=mv$ 得
(1) $P_0=mv_0=10\times10=100$ (kg·m/s)
(2) $P_t=mv_t=10\times(-2)=-20$ (kg·m/s)
(3) 由 $I=P_t-P_0$ 得
$$I=-20-100=-120(\text{N·s})$$
(4) 由 $I=Ft$ 得
$$F=\frac{I}{t}=\frac{-120}{4}=-30(\text{N})$$

负号表示恒力 F 的方向与物体的初速度方向相反。

答：（1）物体受力前的动量是 $100\mathrm{kg \cdot m/s}$；（2）物体受力后的动量是 $-20\mathrm{kg \cdot m/s}$；（3）$4.0\mathrm{s}$ 内恒力的冲量是 $-120\mathrm{N \cdot s}$；（4）恒力的大小为 $30\mathrm{N}$，方向与物体的初速度方向相反。

* 3-7-3　已知 $m_1=10g=1.0\times10^{-2}\mathrm{kg}$，$v_{10}=3.0\times10^2\mathrm{m/s}$，$v_{20}=0$，$m_2=24g=2.4\times10^{-2}\mathrm{kg}$，$v_1=v_2=v$，$v'_1=1.0\times10^2\mathrm{m/s}$。

求 v，v'_2。

解　选子弹和木块组成的系统为研究对象，由题意知该系统动量守恒

由 $m_1v_{10}+m_2v_{20}=m_1v_1+m_2v_2$ 得 $m_1v_{10}=(m_1+m_2)v$

$$v=\frac{m_1v_{10}}{m_1+m_2}=\frac{1.0\times10^{-2}\times3.0\times10^2}{1.0\times10^{-2}+2.4\times10^{-2}}\approx88(\mathrm{m/s})$$

若子弹以 $v'_1=1.0\times10^2\mathrm{m/s}$ 击穿木块，则有 $m_1v_{10}=m_1v'_1+m_2v'_2$

$$v'_2=\frac{m_1v_{10}-m_1v'_1}{m_2}=\frac{1.0\times10^{-2}(3.0\times10^2-1.0\times10^2)}{2.4\times10^{-2}}\approx83(\mathrm{m/s})$$

答：子弹留木块中一起运动时，它们共同的运动速度是 $88\mathrm{m/s}$，若子弹将木块打穿，则木块运动的速度为 $83\mathrm{m/s}$。

3-8-1　已知 $m=3.0\mathrm{kg}$，$R=2.0\mathrm{m}$，$v=4.0\mathrm{m/s}$。

求 a，F。

解　由 $a=\dfrac{v^2}{R}$ 得

$$a=\frac{4.0^2}{2.0}=8.0(\mathrm{m/s^2})$$

由 $F=ma$ 得

$$F=3.0\times8.0=24(\mathrm{N})$$

答：物体的向心加速度为 $8.0\mathrm{m/s^2}$，所需向心力为 $24\mathrm{N}$。

3-8-3　已知 $m=800\mathrm{kg}$，$R=50\mathrm{m}$，$v=5\mathrm{m/s}$。

求 N'。

解　选汽车为研究对象，受力分析如图所示。

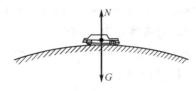

解题 3-8-3 图

汽车在竖直方向受两个力的作用，重力 G 和桥面的支持力 N，它们的合力提供汽车做圆周运动所需的向心力 F，方向竖直向下，即

$$F=G-N$$

由 $F=m\dfrac{v^2}{R}$ 得 $G-N=m\dfrac{v^2}{R}$

$$N=G-m\frac{v^2}{R}=mg-m\frac{v^2}{R}=800(9.8-\frac{5^2}{50})=7.44\times10^3(\mathrm{N})$$

汽车对桥的压力 N' 与桥对汽车的支持力 N 是一对作用力和反作用力。由牛顿第三定律可知，二者大小相等，方向相反。即

$$N'=-N=-7.44\times10^3\mathrm{N}$$

答：汽车到达桥顶时对桥的压力大小是 $7.44\times10^3\mathrm{N}$，方向竖直向下。

3-10-3　已知 $T=5.6\times10^3\mathrm{s}$，$R=6.8\times10^3\mathrm{km}=6.8\times10^6\mathrm{m}$。

求 M。

解　由题意知：地球对卫星的万有引力提供了卫星绕地球运转所需要的向心力。

由 $F=G\dfrac{m_1m_2}{r^2}$ 得，万有引力 $F=G\dfrac{mM}{R^2}$

由 $F=m\dfrac{v^2}{R}$ 和 $v=\dfrac{2\pi R}{T}$ 得，向心力 $F=m\dfrac{4\pi^2R}{T^2}$

所以 $G\dfrac{mM}{R^2}=m\dfrac{4\pi^2R}{T^2}$

$$M=\frac{4\pi^2R^3}{GT^2}=\frac{4\times3.14^2\times(6.8\times10^6)^3}{6.67\times10^{-11}\times(5.6\times10^3)^2}\approx5.93\times10^{24}(\mathrm{kg})$$

答：地球的质量为 $5.93\times10^{24}\mathrm{kg}$。

3-10-4　已知 $\dfrac{m_2}{m_1}=17$，$\dfrac{R_2}{R_1}=4$，$v_1=7.9\mathrm{km/s}=7.9\times10^3\mathrm{m/s}$。

求 v_2。

解　设宇宙飞船的质量为 m，海王星对宇宙飞船的万有引力提供宇宙飞船绕海王星做圆周运动所需的向心力，即

$$G\frac{mm_2}{R_2^2}=m\frac{v_2^2}{R_2}\tag{1}$$

如果宇宙飞船绕地球做圆周运动，则有

$$G\frac{mm_1}{R_1^2}=m\frac{v_1^2}{R_1}\tag{2}$$

（1）和（2）相除得 $\dfrac{m_2}{m_1}\cdot\dfrac{R_1}{R_2}=\dfrac{v_2^2}{v_1^2}$，所以

$$v_2=v_1\sqrt{\frac{m_2}{m_1}\times\frac{R_1}{R_2}}=7.9\times10^3\times\sqrt{17\times\frac{1}{4}}\approx1.63\times10^4(\mathrm{m/s})=16.3(\mathrm{km/s})$$

答：绕海王星表面做圆周运动的宇宙飞船，其运动速度为 $16.3\mathrm{km/s}$。

复习题

四、计算题

1. 已知 $s=1.0\mathrm{km}=1.0\times10^3\mathrm{m}$，$v_0=0$，$v_t=80\mathrm{m/s}$，$m=5.0\mathrm{t}=5.0\times10^3\mathrm{kg}$。

求 t，F。

解　由 $v_t^2-v_0^2=2as$ 得

$$a=\frac{v_t^2-v_0^2}{2s}=\frac{80^2-0^2}{2\times1.0\times10^3}=3.2(\mathrm{m/s}^2)$$

由 $a=\dfrac{v_t-v_0}{t}$ 得

$$t=\frac{v_t-v_0}{a}=\frac{80-0}{3.2}=25(\text{s})$$

由 $F_合=ma$ 得

$$F=5.0\times10^3\times3.2=1.6\times10^4(\text{N})$$

答：飞机的加速时间为 25s，牵引力为 1.6×10^4N。

2. 已知 $m=3.0\text{t}=3.0\times10^3$kg，$\mu=0.90$，$s=8.0$m，$v_t=0$，$g=10\text{m/s}^2$。求 v_0。

解 选卡车运动方向为正方向，由 $F_合=ma$ 得

$$-\mu mg=ma$$

所以

$$a=-\mu g=-0.90\times10=-9(\text{m/s}^2)$$

由 $v_t^2-v_0^2=2as$ 得

$$v_0=\sqrt{v_t^2-2as}=\sqrt{0+2\times9\times8.0}=12(\text{m/s})$$

答：卡车刹车时的最小速度为 12m/s。

* 3. 已知 $v_{10}=v_{20}=50\text{m/s}$，$m_1=600g=0.60$kg，$m_2=400g=0.40$kg，$v_1=200\text{m/s}$。求 v_2。

解 选手榴弹原来的运动方向为正方向，由动量守恒定律得

$$m_1v_{10}+m_2v_{20}=m_1v_1+m_2v_2$$

所以 $v_2=\dfrac{m_1v_{10}+m_2v_{20}-m_1v_1}{m_2}=\dfrac{(0.60+0.40)\times50-0.60\times200}{0.4}=-175\text{m/s}$

负号表示第一块弹片的运动方向与手榴弹原来的运动方向相反。

答：质量为 $400g$ 的弹片飞行的速度大小为 175m/s，方向与手榴弹原来的运动方向相反。

第四章

典型习题

4-1-2 已知 $m=200$kg，$\mu=0.035$，$s=500$m，$g=9.8\text{m/s}^2$。求 W_F，W_f。

解 以雪橇为研究对象，受力分析如图所示

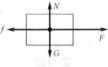

解题 4-1-2 图

因为马拉雪橇匀速前进，所以

$$F=f=\mu N=\mu G=0.035\times200\times9.8=68.6(\text{N})$$

由 $W=Fs\cos\alpha$ 得

$$W_F=Fs\cos0°=68.6\times500\times1=3.43\times10^4(\text{J})$$
$$W_f=fs\cos180°=68.6\times500\times(-1)=-3.43\times10^4(\text{J})$$

答：马对雪橇做的功为 3.43×10^4J，摩擦力对雪橇做的功为 -3.43×10^4J。

4-1-3 已知 $G=1\times10^4$N，$v_0=0$，$a=2\text{m/s}^2$，$t-5$s，$g=10\text{m/s}^2$。

求 W_F。

解　以物体为研究对象，受力分析如图所示，规定物体向上运动方向为正方向。

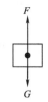

解题 4-1-3 图

由 $s = v_0 t + \dfrac{1}{2} at^2$ 得

$$s = 0 \times 5 + \frac{1}{2} \times 2 \times 5^2 = 25 \, (\text{m})$$

由 $F_{合} = ma$ 得 $F - G = ma$，所以

$$F = G + ma = G + \frac{G}{g} a = 1 \times 10^4 + \frac{1 \times 10^4}{10} \times 2 = 1.2 \times 10^4 \, (\text{N})$$

由 $W = Fs \cos\alpha$ 得

$$W_F = 1.2 \times 10^4 \times 25 \times \cos 0° = 3 \times 10^5 \, (\text{J})$$

答：起重机在前 5s 内所做的功为 3×10^5 J。

4-2-1　已知 $m = 2.0\text{kg}$，$H = 45\text{m}$，$t = 2.0\text{s}$，$g = 10\text{m/s}^2$。

求 W_G，$\overline{P}$，P_t。

解　由 $h = \dfrac{1}{2} gt^2$ 得

$$h = \frac{1}{2} \times 10 \times 2.0^2 = 20 \, (\text{m})$$

由 $W = Fs \cos\alpha$ 得

$$W_G = mgh = 2.0 \times 10 \times 20 = 400 \, (\text{J})$$

由 $P = \dfrac{W}{t}$ 得

$$\overline{P} = \frac{400}{2.0} = 200 \, (\text{W})$$

由 $v_t = gt$ 得

$$v_t = 10 \times 2.0 = 20 \, (\text{m/s})$$

由 $P = Fv$ 得

$$P_t = mg v_t = 2.0 \times 10 \times 20 = 400 \, (\text{W})$$

答：2.0s 内重力做功 400J，在这段时间内重力做功的平均功率为 200W，在 2s 末重力做功的瞬时功率是 400W。

4-3-5　已知 $s = 500\text{m}$，$m = 4.0 \times 10^2 \text{t} = 4.0 \times 10^5 \text{kg}$，$v_1 = 8\text{m/s}$，$v_2 = 12\text{m/s}$，$\mu = 0.004$，$g = 10\text{m/s}^2$。

求 W_F。

解　选列车为研究对象，受力情况如图所示

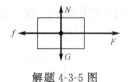

解题 4-3-5 图

由 $W = Fs\cos\alpha$ 得

$$W_N = W_G = 0 \quad W_f = fs\cos 180° = -\mu mgs$$

由 $W_合 = \frac{1}{2}mv_2^2 - \frac{1}{2}mv_1^2$ 得 $W_F + W_f + W_N + W_G = \frac{1}{2}mv_2^2 - \frac{1}{2}mv_1^2$，所以

$$W_F = \frac{1}{2}mv_2^2 - \frac{1}{2}mv_1^2 - W_f = \frac{1}{2}mv_2^2 - \frac{1}{2}mv_1^2 + \mu mgs$$

$$= 4.0 \times 10^5 \left(\frac{1}{2} \times 12^2 - \frac{1}{2} \times 8^2 + 0.004 \times 10 \times 500 \right) = 2.4 \times 10^7 \quad (\text{J})$$

答：列车牵引力所做的功为 2.4×10^7 J。

4-4-3 已知 $h = 19.6$ m，$m = 2$ kg。

求 E_p，E_{k2}。

解 由 $E_p = mgh$ 得

$$E_p = 2 \times 9.8 \times 19.6 \approx 384 (\text{J})$$

该物体自由下落时 $W_合 = W_G = mgh$，$E_{k1} = 0$

由 $W_合 = E_{k2} - E_{k1}$ 得

$$E_{k2} = mgh = 384 \text{J}$$

答：物体对地面的重力势能为 384J，它自由下落到地面时的动能也为 384J。

4-5-3 已知 $v_1 = 19.6$ m/s，$h_1 = 0$，$E_{p2} = E_{k2}$。

求 h_2。

解 由题意知，小球运动过程中只有重力做功，机械能守恒，即 $E_1 = E_2$。

因为

$$E_1 = \frac{1}{2}mv_1^2, E_2 = E_{p2} + E_{k2} = 2E_{p2} = 2mgh_2$$

所以

$$\frac{1}{2}mv_1^2 = 2mgh_2$$

$$h_2 = \frac{v_1^2}{4g} = \frac{19.6^2}{4 \times 9.8} = 9.8(\text{m})$$

答：小球的重力势能和动能在 9.8m 高的地方正好相等。

4-5-4 已知 $h_1 = 20$ m，$v_1 = 15$ m/s，$h_2 = 0$，$g = 10$ m/s²。

求 v_2。

解 由题意知，石子在运动过程中只有重力做功，机械能守恒，即

$$\frac{1}{2}mv_1^2 + mgh_1 = \frac{1}{2}mv_2^2 + mgh_2$$

整理得

$$v_1^2 + 2gh_1 = v_2^2$$

所以

$$v_2 = \sqrt{v_1^2 + 2gh_1} = \sqrt{15^2 + 2 \times 10 \times 20} = 25(\text{m/s})$$

答：石子落地时的速度为 25m/s。

复习题

四、计算题

1. 已知 $v_1=0$，$m=4.0\text{kg}$，$s=16\text{m}$，$v_2=4.0\text{m/s}$，$f=2.0\text{N}$。

求 F。

解 物体受力分析如第 1 题图所示

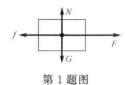

第 1 题图

由动能定理得

$$W_F+W_f+W_G+W_N=\frac{1}{2}mv_2^2-\frac{1}{2}mv_1^2$$

即

$$Fs-fs=\frac{1}{2}mv_2^2$$

$$F=\frac{\frac{1}{2}mv_2^2+fs}{s}=\frac{mv_2^2}{2s}+f=\frac{4.0\times4.0^2}{2\times16}+2.0=4.0(\text{N})$$

答：拉力大小为 4.0N。

2. 已知 $m=0.5\text{kg}$，$E_{k1}=5\text{J}$，$v_2=10\text{m/s}$，$h_2=0$。

求 h_1。

解 由题意知，物体在运动过程中只有重力做功，机械能守恒，即 $E_{k1}+mgh_1=\frac{1}{2}mv_2^2+mgh_2$，所以

$$h_1=\frac{\frac{1}{2}mv_2^2+mgh_2-E_{k1}}{mg}=\frac{\frac{1}{2}\times0.5\times10^2+0-5}{0.5\times10}=4(\text{m})$$

答：抛出点离地面的高度为 4m。

* 第五章

典型习题

5-2-2 已知 $l=150\text{cm}=1.50\text{m}$，$n=50$，$t=123\text{s}$。

求 g。

解 由题意知 $T=\dfrac{t}{n}=\dfrac{123}{50}=2.46$（s）

由 $T=2\pi\sqrt{\dfrac{l}{g}}$ 得

$$g=\frac{4\pi^2l}{T^2}=\frac{4\times3.14^2\times1.50}{2.46^2}\approx9.775(\text{m/s}^2)$$

答：实验地点的重力加速度为 9.775m/s²。

5-3-3 已知 $T=1.5\text{s}$，$l=9.0\text{m}$。

求 v。

解 根据共振的条件，车身上下颠簸得最剧烈时，汽车通过每个凸起路段的时间必须等于车身弹簧系统的固有周期，所以

$$v = \frac{l}{T} = \frac{9.0}{1.5} = 6.0(\text{m/s})$$

答：汽车以 6.0m/s 的速度行驶时，车身上下颠簸得最剧烈。

5-5-2 已知 $t=1\text{s}$，$n=100$ 次，$v=10\text{m/s}$。

求 f，T，λ。

解 由题意知

$$f = \frac{n}{t} = 100(\text{Hz})$$

由 $T = \frac{1}{f}$ 得

$$T = \frac{1}{100} = 0.01(\text{s})$$

由 $\lambda = vT$ 得

$$\lambda = 10 \times 0.01 = 0.1(\text{m})$$

答：波的频率是 100Hz，周期是 0.01s，波长是 0.1m。

复习题

四、计算题

1. 已知 $t_1 - t_2 = 2.0\text{s}$，$v_1 = 340\text{m/s}$，$v_2 = 4900\text{m/s}$。

求 l。

解 由题意知 $t_1 = \frac{l}{v_1}$，$t_2 = \frac{l}{v_2}$

所以

$$\frac{l}{v_1} - \frac{l}{v_2} = 2.0$$

即

$$\frac{l}{340} - \frac{l}{4900} = 2.0$$

解得

$$l \approx 731(\text{m})$$

答：铁桥的长度为 731m。

2. 已知 $v = 800\text{km/h} = \frac{2}{9} \times 10^3 \text{m/s}$，$T = 12\text{min} = 720\text{s}$。

求 λ。

解 由 $v = \frac{\lambda}{T}$ 得

$$\lambda = vT = \frac{2}{9} \times 10^3 \times 720 = 1.6 \times 10^5(\text{m})$$

答：海浪的波长为 1.6×10^5m。

3. 已知 $t = 30\text{s}$，$n = 84$ 次。

求 T，f。

解 由周期的定义得

$$T = \frac{t}{n} = \frac{30}{84} \approx 0.36(\text{s})$$

由 $T = \frac{1}{f}$ 得

$$f = \frac{1}{T} = \frac{1}{0.36} \approx 2.8(\text{Hz})$$

答：弹簧振子的振动周期和频率分别为 0.36s 和 2.8Hz。

第六章

典型习题

6-3-4 已知 $W = -3.0 \times 10^5 \text{J}$，$\Delta E = 1.5 \times 10^5 \text{J}$。

求 Q。

解 由 $Q = \Delta E + W$ 得

$$Q = 1.5 \times 10^5 + (-3.0 \times 10^5) = -1.5 \times 10^5 (\text{J})$$

Q 为负值，表示空气向外界散热。

答：空气向外界传递的热量是 $1.5 \times 10^5 \text{J}$。

6-3-5 已知 $W = -920\text{J}$，$Q = -230\text{J}$，求 ΔE。

解 由 $Q = \Delta E + W$ 得

$$\Delta E = Q - W = -230 - (-920) = 690(\text{J})$$

ΔE 为正值，表示空气的内能增加。

答：汽缸中空气的内能增加了 690J。

复习题

四、计算题

1. 已知 $Q = 300\text{J}$，$\Delta E = 500\text{J}$。

求 W。

解 由 $Q = \Delta E + W$ 得

$$W = Q - \Delta E = 300 - 500 = -200(\text{J})$$

W 为负值，表示外界对气体做功 200J。

答：外界对气体做功 200J。

2. 已知 $W = -4.0 \times 10^5 \text{J}$，$Q = -9.0 \times 10^4 \text{J}$。

求 ΔE。

解 由 $Q = \Delta E + W$ 得

$$\Delta E = Q - W = -9.0 \times 10^4 - (-4.0 \times 10^5) = 3.1 \times 10^5 (\text{J})$$

ΔE 为正值，表示空气的内能增加了 $3.1 \times 10^5 \text{J}$。

答：空气内能增加了 $3.1 \times 10^5 \text{J}$。

* 第七章

典型习题

7-2-1 已知 $V_1 = 10\text{L}$，$p_1 = 2.0 \times 10^3 \text{Pa}$，$p_2 = 1.0 \times 10^2 \text{Pa}$。

求 V_2。

解 由玻意耳-马略特定律 $p_1V_1=p_2V_2$ 得

$$V_2=\frac{p_1V_1}{p_2}=\frac{2.0\times10^3\times10}{1.0\times10^2}=2.0\times10^2(\text{L})$$

答：气体要用 $2.0\times10^2\text{L}$ 的容器盛装。

7-2-2 已知 $T_1=(27+273)\text{K}=300\text{K}$，$V_1=0.010\text{m}^3$，$T_2=(80+273)\text{K}=353\text{K}$。求 V_2。

解 由盖-吕萨克定律 $\dfrac{V_1}{T_1}=\dfrac{V_2}{T_2}$ 得

$$V_2=\frac{V_1T_2}{T_1}=\frac{0.010\times353}{300}\approx0.012\ (\text{m}^3)$$

答：温度升高到80℃时，气体体积为 0.012m^3。

7-2-3 已知 $T_1=(0+273)\text{K}=273\text{K}$，$p_1=4.0\times10^4\text{Pa}$，$p_2=1.0\times10^5\text{Pa}$。求 T_2。

解 由查理定律 $\dfrac{p_1}{T_1}=\dfrac{p_2}{T_2}$ 得

$$T_2=\frac{p_2T_1}{p_1}=\frac{1.0\times10^5\times273}{4.0\times10^4}=682.5\ (\text{K})$$

答：当温度升高到682.5K时，气体的压强为 $1.0\times10^5\text{Pa}$。

7-3-1 已知 $p_1=50\text{atm}$，$V_1=3\text{L}$，$T_1=(27+273)\text{K}=300\text{K}$，$V_2=2\text{L}$，$T_2=(127+273)\text{K}=400\text{K}$。

求 p_2。

解 由理想气体状态方程 $\dfrac{p_1V_1}{T_1}=\dfrac{p_2V_2}{T_2}$ 得

$$p_2=\frac{p_1V_1T_2}{V_2T_1}=\frac{50\times3\times400}{2\times300}=100(\text{atm})$$

答：此时压缩空气的压强为100atm。

复习题

四、计算题

1. 已知 $T_1=(20+273)\text{K}=293\text{K}$，$T_2=(37+273)\text{K}=310\text{K}$。求 p_2。

解 由查理定律 $\dfrac{p_1}{T_1}=\dfrac{p_2}{T_2}$ 得

$$p_2=\frac{p_1T_2}{T_1}=\frac{30\times310}{293}\approx32(\text{atm})$$

答：气体的压强是32atm。

2. 已知 $T_1=(27+273)\text{K}=300\text{K}$，$V_1=0.01\text{L}$，$T_2=(180+273)\text{K}=453\text{K}$。求 V_2。

解 由盖-吕萨克定律 $\dfrac{V_1}{T_1}=\dfrac{V_2}{T_2}$ 得

$$V_2=\frac{V_1T_2}{T_1}=\frac{0.01\times453}{300}=0.0151(\text{L})$$

答：温度升高到 180℃时，体积是 0.0151L。

3. 已知 $T_1 = (47 + 273) K = 320K$，$p_1 = 1atm$，$V_1 = 900mL$，$p_2 = 10atm$，$V_2 = 150mL$。

求 T_2。

解　由理想气体状态方程 $\dfrac{p_1 V_1}{T_1} = \dfrac{p_2 V_2}{T_2}$ 得

$$T_2 = \frac{p_2 V_2 T_1}{p_1 V_1} = \frac{10 \times 150 \times 320}{1 \times 900} \approx 533(K)$$

答：气体的温度将升高到 533K。

附录　国际单位制（SI）

　　我国法定计量单位，是以国际单位制单位为基础，同时选用了一些非国际单位制的单位。本书使用我国法定计量单位。为此，对国际单位制予以简单介绍。附表 1 和附表 2 分别列出了国际单位制的基本单位和常用物理量的国际单位制单位。

附表 1　SI 基本单位

量的名称	单位名称[①]	单位符号
长度	米	m
质量	千克(公斤)[②]	kg
时间	秒	s
电流	安[培]	A
热力学温度	开[尔文]	K
发光强度	坎[德拉]	cd
物质的量	摩[尔]	mol

　　① 去掉方括号时为单位名称的全称，去掉方括号中的字时即成为单位名称的简称；无方括号的单位名称，简称与全称同。

　　② 圆括号中的名称与它前面的名称是同义词。

附表 2　SI 单位

量的名称	计量单位				备注
	名称	简称	符号	中文符号	
长度	米	米	m	米	$1cm = 10^{-2}m$ $1km = 10^{3}m$
面积	平方米	平方米	m^2	米^2	$1cm^2 = 10^{-4}m^2$ $1mm^2 = 10^{-6}m^2$
体积	立方米	立方米	m^3	米^3	$1cm^3 = 10^{-6}m^3$ $1dm^3 = 10^{-3}m^3$
时间	秒	秒	s	秒	
质量	千克(公斤)	千克(公斤)	kg	千克(公斤)	$1g = 10^{-3}kg$
密度	千克每立方米	千克每立方米	kg/m^3	千克/米^3	$1g/cm^3 = 1kg/dm^3 = 10^3 kg/m^3$
速度	米每秒	米每秒	m/s	米/秒	$1cm/s = 10^{-2}m/s$
角速度	弧度每秒	弧度每秒	rad/s	弧度/秒	
加速度	米每二次方秒	米每二次方秒	m/s^2	米/秒^2	
力	牛顿	牛	N	牛	$1N = 1kg \cdot m/s^2$

续表

量的名称	计量单位				备注
	名称	简称	符号	中文符号	
力矩	牛顿米	牛米	N·m	牛米	
动量	千克米每秒	千克米每秒	kg·m/s	千克·米/秒	
冲量	牛顿秒米	牛秒	N·s	牛·秒	$1N·s=1kg·m/s$
劲度系数	牛顿每米	牛每米	N/m	牛/米	
压强	帕斯卡	帕	Pa	帕	$1Pa=1N/m^2$
功 能 热	焦耳	焦	J	焦	$1J=1N·m$
功率	瓦特	瓦	W	瓦	$1W=1J/s$ $1kW=10^3W$
周期	秒	秒	s	秒	
频率	赫兹	赫	Hz	赫	$1Hz=1s^{-1}$ $1kHz=10^3Hz$ $1MHz=10^6Hz$
波长	米	米	m	米	$1cm=10^{-2}m$ $1nm=10^{-9}m$
摄氏温度	摄氏度	摄氏度	℃	摄氏度	
热力学温度	开尔文	开	K	开	$1K=1℃$
电流	安培	安	A	安	$1mA=10^{-3}A$ $1\mu A=10^{-6}A$
电荷[量]	库仑	库	C	库	$1C=1A·s$
电场强度	伏特每米	伏每米	V/m	伏/米	
	牛顿每库仑	牛每库	N/C	牛/库	$1N/C=1V/m$
电势 电压	伏特	伏	V	伏	$1V=1J/C$ $1kV=10^3V$ $1mV=10^{-3}V$
电容	法拉	法	F	法	$1F=1C/V$ $1\mu F=10^{-6}F$ $1pF=10^{-12}F$
电阻	欧姆	欧	Ω	欧	$1\Omega=1V/A$ $1k\Omega=10^3\Omega$ $1M\Omega=10^6\Omega$
电阻率	欧姆米	欧米	Ω·m	欧·米	
电动势	伏特	伏	V	伏	
磁感应强度	特斯拉	特	T	特	
磁通[量]	韦伯	韦	Wb	韦	$1T=1N/(A·m)=1Wb/m^2$
自感	亨利	亨	H	亨	$1H=1V·s/A$ $1mH=10^{-3}H$ $1\mu H=10^{-6}H$

参 考 文 献

[1]　王传奎主编．物理．第 2 版．北京：人民教育出版社，2013．
[2]　楼渝英主编．中职物理教程．第 2 版．重庆：重庆大学出版社，2010．
[3]　李广华主编．物理（电工电子类）．北京：电子工业出版社，2009．
[4]　张明明主编．物理（通用）．北京：高等教育出版社，2009．
[5]　丁振华主编．物理（机械建筑类）．北京：高等教育出版社，2009．
[6]　文春帆主编．物理（电工电子类）．北京：高等教育出版社，2009．
[7]　人民教育出版社课程教材研究所，物理课程教材研究开发中心编著．物理（第一册）．
　　　第 2 版．北京：人民教育出版社，2007．
[8]　王金雨主编．物理．第 2 版．北京：中国劳动社会保障出版社，2005．